现代工程训练与创新实践丛书

机械工程训练综合实践

主　编　王　群
副主编　易守华　刘彬彬

中国水利水电出版社
www.waterpub.com.cn
·北京·

内 容 提 要

本书是以教育部最新发布的《关于开展新工科研究与实践的通知》和《关于推进新工科研究与实践项目的通知》为指导思想编写而成，实用、精炼，强调理论联系实际的同时，兼顾教材广泛的适用性。本书共分为6章，第1章材料成型训练，主要介绍铸造、锻造、焊接、板料成型训练；第2章机械加工训练，主要介绍车工和铣工基本操作技术；第3章钳工与装配训练；第4章先进制造技术训练，主要包括数控车削、数控铣削、五轴加工、激光加工、逆向工程、三坐标测量等技术；第5章纯净水制备及灌装生产训练；第6章陶艺制作训练。操作要领配套了大量视频，教学更加生动有效。本书配套系列丛书中的《机械工程训练理论基础》一起使用效果更佳。

本书主要作为本科院校机械类和近机类专业学生进行工程训练的教材及开设本课程的其他专业的选用教材，也可供高等职业院校及成人教育同类专业选用，还可供相关工程技术人员参考。

图书在版编目（CIP）数据

机械工程训练综合实践 / 王群主编. -- 北京：中国水利水电出版社，2018.10
（现代工程训练与创新实践丛书）
ISBN 978-7-5170-6408-4

Ⅰ. ①机… Ⅱ. ①王… Ⅲ. ①机械工程－高等学校－习题集 Ⅳ. ①TH-44

中国版本图书馆CIP数据核字(2018)第074366号

书　　名	现代工程训练与创新实践丛书 机械工程训练综合实践 JIXIE GONGCHENG XUNLIAN ZONGHE SHIJIAN
作　　者	主编　王群　副主编　易守华　刘彬彬
出版发行	中国水利水电出版社 （北京市海淀区玉渊潭南路1号D座　100038） 网址：www. waterpub. com. cn E-mail：sales@waterpub. com. cn 电话：(010) 68367658（营销中心）
经　　售	北京科水图书销售中心（零售） 电话：(010) 88383994、63202643、68545874 全国各地新华书店和相关出版物销售网点
排　　版	北京智博尚书文化传媒有限公司
印　　刷	三河市龙大印装有限公司
规　　格	170mm×240mm　16开本　11印张　196千字
版　　次	2018年10月第1版　2018年10月第1次印刷
印　　数	0001—3000册
定　　价	32.00元

序
SEQUENCE

高等教育发展水平是一个国家发展水平和发展潜力的重要标志。习近平总书记指出，"我们对高等教育的需要比以往任何时候都更加迫切，对科学知识和卓越人才的渴求比以往任何时候都更加强烈"。当前世界范围内新一轮科技革命和产业变革加速进行，综合国力竞争愈加激烈。为响应国家战略需求，支撑服务新经济和新兴产业，推动工程教育改革创新，2017年2月，我国高等工程教育界达成了"新工科"建设共识，加快了培养创新型卓越科技工程人才的步伐。在工程教育体系中，工程训练课程是最基本、最有效、学生受益面最广的工程实践教育资源，其作用日趋凸显，是人才培养方案中不可或缺的实践环节。

"现代工程训练与创新实践丛书"（下称"丛书"）正是在上述背景下，针对新一轮科技革命和产业变革对工程实践教育及人才培养的新要求，深入开展创新教学研究和实践而形成的教学改革成果。它以大工程为基础，以适应现代工程训练为原则，强调综合性、创新性和先进性的同时，兼顾教材广泛的适用性。

丛书由多位具有多年实践教学经验的实验教师和工程技术人员共同编写，主要以机械、材料、电工、电子、信息等学科理论为基础，以工程应用为导向，集基础技能训练、工程应用训练、综合设计与创新实践于一体。其特色与创新之处在于：

第一，编者阵容强大，教学经验丰富。本套教材的主编及参编人员均来自湖南大学，长期从事本专业的教学工作，且大多有着博士学位。本套丛书是这些教师长期积累的教学经验和科研成果的总结。

第二，精选基础内容，重视先进技术。建立了传统内容与新知识之间良好的知识构架，适应社会的需求。重视跟踪科学技术的发展，注重新理论、新技术、新材料、新工艺、新方法的引进，力求使教材内容具有科学性、先进性、时代性和前瞻性。

第三，体例统一规范，教学形式新颖。重视处理好教材的体例及各章节间的内部逻辑关系，力求符合学生的认识规律。实训操作要领配套了大量视频，通过扫描二维码即可观看学习。以学生为中心，充分利用学生零散时间，将教学形式最优化，能实现工程训练泛在化学习。

第四，重视工程实践，注重项目引导。改变以往教材过于偏重知识的倾向，重视实际操作。注重理论与实际相结合，设计与工艺相结合，分析与指导相结合，培养学生综合知识运用能力。将科研成果、企业产品引入教材，引导学生通过实践训练培养创新思维能力和群体协作能力，建立责任意识、安全意识、质量意识、环保意识和群体意识等，为毕业后更好地适应社会不同工作的需求创造条件。

"博于问学，明于睿思，笃于多为，志于成人"是岳麓书院的优秀传统，揭示了人要成才，必须认真学习积累基础知识，勤于思考问题，还要多动手、多实践、更要有立志成才的理想。2016 年 6 月 2 日，中国成为国际本科工程学位互认协议《华盛顿协议》的正式会员，标志着我国工程教育进入了新的阶段。工程教育的基本定位是培养学生解决复杂工程问题的能力。工程训练的教学目标是学习工艺知识，增强工程实践能力，提高工程素质，培养创新精神，提升就业创业能力。因此，丛书的出版正逢其时。它不仅仅是一套教材，更是自始至终的教育支持，无论是学校、机构培训还是个人自学，都会从中得到极大的收获。

当然，人无完人，金无足赤，书无完书，本套教材肯定会有不足之处，恳请专家和读者批评指正。

现代工程训练与创新实践丛书编委会

2018 年 9 月

前言
FOREWORD

本书主要作为本科院校学生进行工程训练的教材，也可作为从事机械制造的工程技术人员的参考书。本书共分为6章，第1章为材料成型训练，主要介绍铸造、锻造、焊接、板料成型训练；第2章为机械加工训练，主要介绍车工和铣工基本操作技术；第3章为钳工与装配训练；第4章为先进制造技术训练，主要包括数控车削、数控铣削、五轴加工、激光加工、逆向工程、三坐标测量等技术；第5章为纯净水制备及灌装生产训练；第6章为现代陶艺训练。

本书的1.3节、第2章、4.3节由易守华编写；1.1节、第3章由曹益编写；1.2节和1.4节，4.4节由刘彬彬编写；4.1节由曹成编写；4.2节由王群编写；4.5节由吴占涛编写；4.6节由李英芝编写；第5章由杨灵芳编写；第6章由张小兰编写。王群同志对全书进行了统稿。

本书针对重点知识点，配备有视频资源，读者可扫描二维码观看。

图书资源总码

在编写过程中，编者参考了诸多论著和教材，在此对这些文献的作者和出版社表示衷心的感谢。

限于编者的水平，本书中难免有不妥之处，恳请读者不吝指正。

编　者
2018年6月

CONTENTS 目录

第 1 章

材料成型训练

1.1 铸 造 训 练

■ 1.1.1 铸造实训安全操作规程

1）进入实训车间前必须按本工种规定穿戴好劳动保护用品。

2）在做造型时应注意防止压勺、通气针等物刺伤人，握模型和用手塞砂子时注意铁刺和铁钉；不要用嘴吹分型砂。

3）扣箱和翻箱时，动作要协调一致，小心碰伤手脚。

4）在开炉与浇注时，应戴好防护眼镜，站在安全地点；浇包内剩余液体金属不能泼在有水地面上；不参加浇注的人，应远离浇包。

5）所有操炉、出铝水、抬包、浇注等工作，必须在指导教师指导下进行，实训学生严禁私自动手。

6）不得用冷工具进行挡渣、撇渣，或在剩余铝水内敲打，以免爆溅。

7）不能正对着人敲打浇帽口或凿毛刺；不能用手、脚接触尚未冷却到室温的铸件。

8）不许触碰与实训无关的设备开关。要做到文明作业，工作场地要保持整洁，使用完的工具、工件应摆放整齐。

■ 1.1.2 铸造基本训练

1. 实习任务与要求

1）了解铸造生产的工艺过程、特点和应用要求。

2）进行手工造型的基本训练。

3）了解铸造合金的熔炼过程与浇注过程。

4）熟悉铸造车间的安全注意事项和铸造安全操作规程。

2. 技术分析与毛坯设计

为了获得合格铸件，减小铸型制造的工作量，降低铸件成本，在砂型铸造的生产准备过程中，必须合理地制定出铸造工艺方案，并绘制出铸造工艺图。铸造工艺图是在零件图上用规定的工艺符号表示铸造工艺内容的图形。图中应表示出铸件的浇注位置、分型面、铸造工艺参数（机械加工余量、拔模斜度、铸造收缩率等）。铸造工艺图是制造模样、芯盒、造型、造芯和检验铸件的依据。图 1-1 是铸造工艺图的绘制实例。

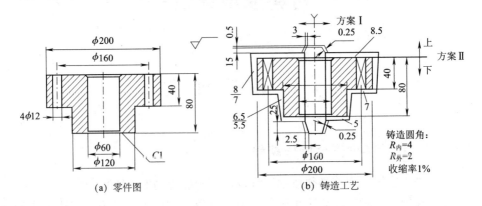

(a) 零件图　　　　　(b) 铸造工艺

图 1-1　连接盘零件简图和铸造工艺图

（1）工艺参数的确定

在铸造工艺方案初步确定之后，还必须选定铸件的机械加工余量、起模斜度、收缩率、型芯头尺寸等具体参数。

1）加工余量和最小铸出孔。

为了保证铸件加工面尺寸和零件精度，在铸件工艺设计时预先增加，而在机械加工时要切去的金属层厚度，称为加工余量。其大小取决于铸造合金种类、铸件尺寸、生产批量、加工面与基准面的距离及加工面在浇注时的位置等。此外，铸件上待加工的孔和槽是否铸出，必须视孔和槽的尺寸、生产批量、铸造合金种类等因素而定。这些参数均可在相关的手册上查出。一般灰铸铁小件的加工余量为 3～5 mm。加工余量在铸件图中用红色线条标出，剖面可用红色剖面线或全部填红表示。

对过小的孔、槽，由于铸造困难，一般不予铸出。不铸出孔、槽的最大尺寸与合金种类、生产条件有关。例如，单件小批生产的小铸铁件上直径小于 30 mm 的孔一般不铸出。

2）起模斜度。

为使模样容易从铸型中取出或型芯自芯盒中脱出，在平行于起模方向的模样或芯盒壁上应做出斜度，称为起模斜度，通常为 $15'～3°$。模样高度愈高，其斜度应愈小，模样内壁的斜度应大于外壁的斜度。通常上型中模样内壁斜度取 10°，下型中内壁斜度取 3°～5°。起模斜度用红色线条表示。

3）绘出铸造圆角。

在零件图上凡两壁相交处之内角和转弯处均应设计成圆角，称为铸造圆角。一般中、小件的圆角半径可取 3～5 mm。圆角也用红线表示。

4）标准收缩率。

由于铸造合金的收缩，铸件在冷却后要比铸型型腔尺寸小，为保证铸件应有的尺寸，制造模样时，必须使模样尺寸大于铸件尺寸。其放大的尺寸称为收缩量。收缩量的大小与金属的线收缩率有关，灰铸铁为 0.7％～1.0％，铸钢为 1.5％～2.0％，铸造有色合金为 1.0％～1.5％。

（2）分型面的选择

分型面是指上、下砂型的结合面。选择分型面位置的主要依据是铸件的结构形状。为了便于造型操作和保证铸件质量，分型面选择原则如下：

1）为了便于取模，分型面应选择在模样的最大截面处，如图 1-2 所示。

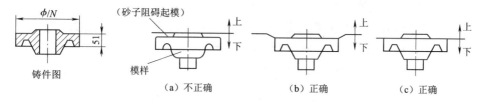

图 1-2　分型面应选择在模样的最大截面处

2）尽量减少分型面数目。机器造型或批量生产时应采用一个分型面；分型面尽量取平面，避免采用挖砂、活块工艺（机器造型时不能采用挖砂和活块工艺），如图 1-3 所示。

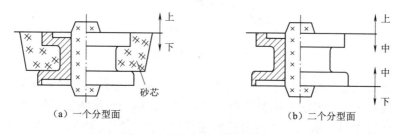

图 1-3　确定分型面数目的实例

3）分型面与浇注位置要一致，铸件中重要的加工面应朝下或垂直于分型面。因为浇注时液态金属中的渣子和气泡总是浮在上面，铸件上表面缺陷较多，如图 1-4 所示。

（a）重要加工面朝上，不合理　　　　　（b）重要加工面朝下，合理

图 1-4　分型面的确定

4）应使铸件的全部或大部分放在同一砂型中，以减少错箱、飞边毛刺，提高铸件尺寸精度，如图 1-5 所示。

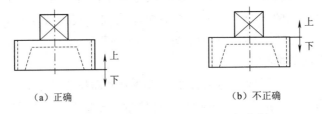

（a）正确　　　　　　　　　　　（b）不正确

图 1-5　管子堵头分型面位置的选择实例

（3）浇注系统和冒口

液态金属流入铸型型腔之前所经过的一系列通道称为浇注系统。它主要由外浇道、直浇道、横浇道和内浇道四部分组成，如图 1-6 所示。

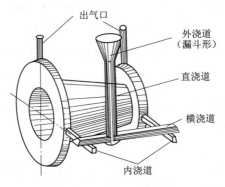

图 1-6　典型的浇注系统

浇注系统应该起到以下三方面的作用：第一，能平稳地将金属液导入并充满型腔，防止金属液冲坏型壁和型芯；第二，能防止熔渣、杂质进入型腔，发挥挡渣的作用；第三，调剂铸件各部分的温度和凝固顺序，起到一定的补缩作用。从这个意义上讲，出气口或冒口也可以算作浇注系统的组成部分，浇注系统各部分的作用如下：

1）外浇道。外浇道又称浇口杯，形状多为漏斗形或盆形。外浇道的主要作用是缓和液态金属的冲击力，接收液态金属，并使熔渣浮于上面。

2）直浇道。直浇道是一个上大下小的圆锥形垂直通道，一般开在上砂型内。

3）横浇道。横浇道位于直浇道下端，是上小下大的梯形截面通道，一般情况开在上砂型的分型面处，它的主要作用是挡渣、减缓金属液流速及将金属液引导到各内浇口内。

4）内浇道。内浇道位于横浇道的下面，是上小下大的扁梯形（或三角形、月牙形）截面的水平通道，直接与型腔相连，一般开在下砂型的分型面上。它的主要作用是控制液体金属进入型腔的速度和方向，调剂铸件各部位的冷凝顺序。

开内浇道时，截面大小和数目要适当，靠型腔端截面要小、要薄。

对于壁厚相差不大的铸件，内浇道要开在较薄的部位；而对于壁厚差别大、收缩大的铸件，则应开在铸件的肥厚部位，使铸件实现由薄到厚的顺序凝固，并使内浇道的金属液能够起到一定的补缩作用。对于大平面的薄壁件，应多开几个内浇道，以便在浇注时使金属液体迅速充满型腔。内浇道的方向，不允许直接对着型壁和型芯，防止冲坏铸型和型芯，造成铸件夹砂。在铸件的重要加工表面，粗定位基准面和特殊重要部位，在设计时可在技术要求中加以说明不许设置内浇道的位置。

为了减少熔渣进入型腔，可在浇注系统中的适当位置（外浇道与直浇道之间，直浇道与横浇道之间）增置一个特制的过滤网。

5）冒口（出气口）。冒口是铸型内靠近铸件最后凝固的部位所开设的具有一定补缩能力的合金液容器。冒口的主要作用是补缩、排气、集渣及标志型腔注满的程度。为了使冒口可以补缩铸件凝固收缩所需要的液态金属；冒口的尺寸应大于需要补缩部位的尺寸，保证冒口内的液态金属最后凝固，冒口形状多为圆柱体或椭圆柱体。

冒口应该开设在铸件的肥厚和最高的部位。如果生产中只需要它起到排气的作用，其尺寸可以小些，称其为气冒口。

（4）铸造工艺设计的一般程序

在生产铸件之前，需编制出控制该铸件生产工艺的技术文件。铸造工艺设计主要是画铸造工艺图、铸件毛坯图、铸型装配图和编写工艺卡片等，它们是生产的指导性文件，也是生产准备、管理和铸件验收的依据。因此，铸造工艺设计的好坏，对铸件的质量、生产率及成本起着决定性的作用。一般大量生产的定型产品、特殊重要的单件生产的铸件，铸造工艺设计要细致，内容涉及也较多。单件、小批生产的一般性产品，铸造工艺设计内容可以简化。在最简单的情况下，只需绘制一张铸造工艺图即可。

铸造方法选择和工艺方案设计。目前铸造方法的种类繁多，按生产方法可分为砂型铸造和特种铸造两大类，而砂型铸造按浇注时砂型是否经过了烘干又分为湿型、干型与表面干型铸造。特种铸造也可分为金属型铸造、压力铸造、低压铸造、离心铸造、壳型铸造、熔模铸造、陶瓷型铸造等。各种铸造方法都有其特点和应用范围，采用哪一种方法应根据零件特点、合金种类、批量大小、铸件技术要求的高低以及经济性加以综合考虑。

1）零件结构特点。零件的结构特点主要包括铸件的壁厚大小、形状及重量大小等，应根据不同铸件的结构特点选择合适的铸造工艺方法。

砂型铸造的特点：由于采用内部砂芯、活块模样、气化模及其他特殊的造型技术等有利条件，可以生产结构形状比较复杂的铸件；铸件的大小和重量几乎不受限制。铸件重量一般是几十克到几百千克；砂型铸造对铸件最小壁厚有一定限制。

熔模铸造的特点：可以铸出形状极为复杂的铸件，其复杂程度是任何其他方法都难以达到的。虽然一个压型所能制出的熔模形状较简单，但可用几个压型分别制出复杂零件的不同部分，然后焊合在一起，组成复杂零件的熔模；熔模铸造可铸出清晰的花纹、文字。铸出的扎最小直径可达 0.5 mm，铸件的最小壁厚为 0.3 mm，但不宜铸造壁厚大的铸件。它能生产的铸件重量为几克至几十千克，但比较适宜生产的铸件重量为几十克至几千克。

金属型铸造的特点：金属型铸造的铸件重量范围一般为 0.1～135 kg，个别可达 225 kg。由于金属型的型腔是用机械加工方法制出的，所以铸件的结构形状不能很复杂，更应考虑从铸型中取出铸件的可能性。采用金属型芯时，也要考虑抽出型芯的可能性，因而铸件的结构多限于采用形状简单的型芯。

压力铸造的特点：由于压力铸造中金属液是在高速高压下充填铸型的，所以，可以铸出形状复杂而壁薄的铸件。许多由重力（砂型、金属型）铸造无法生产的铸件，大多数可以采用压铸。压铸工艺比较适宜生产小而壁薄、壁厚相差较小的铸件。最小的压铸件为 0.002 kg，最大的铝合金压铸件为 15～40 kg，最大壁厚为 12 mm。

离心铸造的特点：最适合铸造各种旋转体形状的管、筒铸件。壁厚为 4～125 mm，长度不宜大于内径的 15 倍。

2）合金种类。各种铸造工艺方法对铸件的合金种类都有一定的限制。任何可熔化的金属都能采用砂型铸造，最常用的金属是铸铁、铸钢、黄铜、青铜、铝合金和镁合金；熔模铸造可以铸造任何合金，而对高熔点合金效果更为突出，飞机上的导向叶片等用不易加工的高熔点合金铸造，一般用熔模铸造工艺。不锈钢零件、工具等常用熔模铸造；金属型铸造工艺比较适于铸造铝合金、镁合金及铜合金铸件；适用于压铸工艺的合金有锌、铝、镁、铜、铅、锡等六个合金系列，其中铝、锌合金是应用最广泛的压铸合金。黑色金属由于熔点太高，因而压铸型的使用寿命低，通常不采用压铸成型。

3）批量大小及交货期限。砂型铸造的生产批量不受限制，可用于成批、大量生产，也可用于单件生产。由于砂型铸造的生产准备周期较短，所以特别适于交货期限较短、批量不大的铸件生产；熔模铸造的主要生产设备比较简单，对生产批量限制不大。但熔模铸造工艺工序较多，且需制作压型，故生产周期比砂型长；金属型铸造需设计制造金属模型，一次投资较大，且金属型寿命长，对铝镁合金铸件可使用上千万次，故适用批量生产，批量少时不能充分发挥金属型的潜力。金属型制造周期长，对交货期短的任务难以满足；压铸工艺设备投资大，压铸型的制造周期较长，成本高，但生产效率高，故仅适于成批大量生产。

4）铸件技术要求。铸件的技术要求包括外观质量要求（尺寸精度、表面粗糙度）及内部质量（力学性能、致密度等），不同的铸造工艺方法能达到不同的水平。

砂型铸造的铸件在凝固冷却到室温后组织无层状结构、性能无方向性，其强度、韧性、刚度在各方向都相等，这一点对某些要求各方向性能均衡的铸件是重要的。砂型铸造中铸件凝固收缩受到的阻力较小，铸件内应力小。可采用冷铁等不同的铸型材料来调整和控制铸件的凝固过程，铸件内部缩孔缩松较少，内部质量易于得到保证。砂型铸造铸件尺寸精度较差，表面粗糙度较大。

熔模铸造没有分型面，由压型制出的熔模的披缝也被消除，也没有砂型铸造那样的起模合箱等操作，所以铸件尺寸精度较高，可达 CT5 级，表面粗糙度较小。熔模铸造的涡轮叶片的精度和粗糙度已达无需机械加工的要求。

金属型铸造的铸件尺寸精度和表面粗糙度优于砂型铸件。由于金属型传热迅速，所以铸件的晶粒较细。同时，凝固过程易于控制，使铸件形成顺序凝固，减少铸件产生缩孔和缩松。所有这些都使金属型铸件的强度得到提高。一般比砂型铸件高 20％以上。

压铸的显著优点是能生产精密铸件，压铸件的尺寸精度和表面粗糙度均优于金属型铸件，尺寸精度可达 4 级，表面粗糙度可达 $Ra0.8$。大多数压铸件无需机械加工即可直接使用。压铸件晶粒细小、强度较高。压铸件主要缺陷之一是气孔。压铸件有气孔存在，不但降低了压铸件的力学性能（特别是延伸率）和气密性，同时也不能对其进行焊接和热处理，因此，需经热处理强化的合金，就不能压铸。

5）经济分析。铸造工艺方法对铸件成本的影响是不言而喻的。而对哪一类铸件采用什么工艺最有效、最经济是个很复杂的问题，需对各种工艺方法进行比较、分析才能得出。

当铸件批量小时，砂型铸造费用最低。砂型铸造一般是所有铸造方法中费用最低的一种，它的成本几乎只有熔模铸造的 1/10，尤其是在单件或少量生产时。在单件大型铸件的生产，从成本考虑，砂型铸造是唯一的方法。而当铸件批量大时，压力铸造的综合费用较低。

3. 砂型铸造生产工具、设备的选择

（1）造型用的工具和辅具

1）模样。用木材、金属或其他材料制成的铸件原形统称为模样，它是用来形成铸型的型腔。用木材制作的模样称为木模，用金属或塑料制成的模样称为金属模或塑料模。目前大多数工厂使用的是木模。模样的外形与铸件的外形相似，不同的是铸件上如有孔穴，在模样上不仅实心无孔，而且要在相应位置制作出芯头。

2）手工造型所用的主要工具和砂箱。

手工造型的主要工具有铁铲、筛子、春砂锤、刮板、通气针、起模针、掸笔、排笔、粉袋、皮老虎、风动捣固器、钢丝钳、活动扳手等，如图1-7所示。修型工具有修平面的镘刀（刮刀）、修凹曲面的压勺、修深而窄的底面及侧面的砂勾、修圆柱形内壁和内圆角的半圆等。手工造型用的砂箱多数是用铸铁铸成的，尺寸大的砂箱，应设计有砂箱带，以防止塌箱。对于尺寸小批量较大的湿型件，有时也用质轻、可拆卸的木质或铝合金砂箱造型。

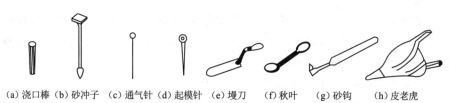

(a) 浇口棒 (b) 砂冲子 (c) 通气针 (d) 起模针 (e) 墁刀 (f) 秋叶 (g) 砂钩 (h) 皮老虎

图1-7 常用手工造型工具

（2）金属熔炼与浇注设备

熔炼金属的目的是获得合格的化学成分及良好流动性的液态金属。金属的流动性是金属铸造性能的重要指标之一，其表明了金属在液态时充填铸型的能力。金属流动性好坏对铸造工艺和铸件质量影响很大。生产中采用铸造生产的有铸钢、铸铁、有色金属铸造（铸铝、铸铜）等。这里主要介绍铝合金的熔炼与浇注。

1）铝合金的性能及应用。

铝合金比重小，强度高，具有良好的铸造性能。由于熔点较低（纯铝熔点为660 ℃，铝合金的浇注温度一般约在730～750 ℃），故能广泛采用金属型及压力铸造等铸造方法，以提高铸件的内在质量、尺寸精度和表面光洁程度以及生产效率。铸造铝合金以 ZL 表示。

2）铝合金的熔炼设备。

合金熔炼的目的是要获得符合一定成分和温度要求的金属熔液。不同类型的金属，需要采用不同的熔炼方法及设备。如钢的熔炼是用转炉、平炉、电弧炉、感应炉等；铸铁的熔炼多采用冲天炉；而铝合金的熔化通常采用坩埚电阻炉。炉子的质量一般为 30～500 kg，电热体有金属（铁铬合金）、非金属（碳化硅）两种，是广泛用来熔化铝合金的炉子，优点是：炉气呈中性，金属也不会强烈氧化，炉温便于控制，操作简单，劳动条件好。坩埚分金属坩埚（铸铁、铸钢、钢板）非金属坩埚（石墨、黏土、炭质）两类。QR 系列坩埚熔化电阻炉如图 1-8 所示。

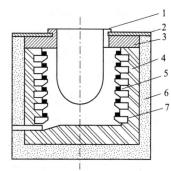

图 1-8　电阻坩埚炉

1—坩埚；2—托板；3—耐热板；

4—耐火砖；5—电阻丝；

6—石棉板；7—托砖

3）铝合金用坩埚电阻炉熔炼特点及工艺过程。

（a）铝合金熔炼的特点。由于铝合金的熔点低，熔炼时极易氧化、吸气，合金中的低沸点元素（如镁、锌等）极易蒸发烧损。故铝合金的熔炼应在与燃料和燃气隔离的状态下进行。熔炼时配料应精确计算：熔化铝合金的炉料包括金属炉料（新料、中间合金、旧炉料）、溶剂（覆盖剂、精炼剂、变质剂）和辅助材料（指坩埚及熔炼浇注工具表面上涂的涂料）。

（b）熔炼的工艺过程。

①炉料处理。炉料使用前应进行清理，以去除表面的锈蚀、油脂等污物。所有的炉料在入炉前均应预热，以去除表面附的水分，缩短熔炼时间。

②坩埚及熔炼工具的准备。新坩埚使用前应清理干净及仔细检查有无穿透性缺陷，使用前均应吹砂，并预热至暗红色（500～600 ℃）保温 2 h 以上，以烧除附着在坩埚内壁的水分及可燃物质，待冷到 300 ℃ 以下时，仔细清理坩埚内壁，在温度不低于 200 ℃ 时喷涂料。坩埚要烘干、烘透才能使用。压瓢、搅拌勺、浇包等熔炼工具使用前必须除尽残余金属及氧化皮等污物，经过 200～300 ℃ 预热并涂防护涂料，以免与铝合金直接接触，污染铝合金。涂料一般采用氧化锌和水或水玻璃调和。涂完涂料后的模具及熔炼工具在使用前再经 200～300 ℃ 预热烘干。

③熔炼温度的控制。熔炼温度过低，不利于合金溶解及气体、夹杂物的

排出，易形成偏析、冷隔、浇不足等缺陷，还会因冒口热量不足，使铸件得不到合理的补缩。

熔炼温度过高不仅浪费能源，晶粒粗大，铝的氧化严重，合金元素的烧损也愈严重，使合金机械性能的下降，铸造性能和机械加工性能恶化。

铝金属溶液温度难以用肉眼判断，应该用测温仪表控制温度。热电偶套管应定期用金属刷刷干净，涂以防护性涂料，以保证测温结果的准确性及延长使用寿命。所有铝合金的熔炼温度至少要达 705 ℃ 并应进行搅拌。

④熔炼时间的控制。为了减少铝金属溶液的氧化、吸气和铁的溶解，从熔化开始至浇注完毕，砂型铸造不超过 4 h，金属型铸造不超过 6 h，压铸不超过 8 h。为加速熔炼过程，应首先加入中等块度、熔点较低的回炉料及铝硅中间合金，以便在坩埚底部尽快形成熔池，然后再加块度较大的回炉料及纯铝锭，使它们能徐徐浸入逐渐扩大的熔池，快速熔化。在炉料主要部分熔化后，再加熔点较高、数量不多的中间合金，升温并搅拌以加速熔化。降退后，压入易氧化的合金元素，以减少损失。

⑤精炼处理。铝合金在熔炼时，极易氧化生成 Al_2O_3，其氧化物比重和合金液比重相近，如靠它自己上浮或下沉是难以去除的，容易使铸件形成夹渣。还有铝合金在高温时吸收氢气，如不去除，也将会使铸件形成气孔。融化后，还要进行精炼处理，首先将旧渣扒去，用覆盖剂覆盖，用量为铝液中的 0.2%～0.5%，分两次加入，在除气前加入其重量的 1/3～1/2，再以钟罩压入预热好的精炼剂，用量为铝液重的 0.4%～0.5%，精炼处理温度为730～750 ℃。分两次加入，第一次压入量为 1/2 略多些，处理时间为 4～5 min。在除气后扒去熔渣加入其重量的 1/2～2/3 的覆盖剂，静止 2～3 min 后，即可扒渣进行浇注，浇注温度为 700～740 ℃。

4）铝合金溶液浇注。

正确合理的浇注方法，是获得优质铸件的重要条件之一。生产实践证明，注意下列事项，对防止、减少铸件缺陷是很有效的。

（a）浇注前应仔细检查金属溶液出炉温度、浇包容量及其表面涂料层的干燥程度，检查其他工具的准备是否合乎要求。

（b）不能在有"过堂风"的场合下浇注，因为这种场合下金属溶液会强烈氧化、燃烧，使铸件产生氧化夹杂等缺陷。由坩埚内获取金属溶液时，应先用浇包底部轻轻拨开金属溶液表面的氧化皮或熔剂层，缓慢地将浇包浸入金属溶液内，用浇包的宽口舀取金属溶液，然后平稳提起浇包。

（c）端浇包时步子要稳，浇包不宜提得过高，浇包内金属液面必须保持平稳，不受扰动。

（d）即将浇注时，应扒净浇包的渣子，以免在浇注中将熔渣、氧化皮等带入铸型中。

（e）在浇注中，金属液流要保持平稳，不能中断，不能直冲浇口杯的底孔。

（f）浇口杯自始至终应充满，液面不得翻动，浇注速度要控制得当。通常，浇注开始时速度稍慢些，使金属液流充填平稳，然后速度稍快，并基本保持浇注速度不变。在浇注过程中，浇包嘴与浇口的距离要尽可能靠近，以不超过 50 mm 为限，以免熔液过多地氧化。

（g）距坩埚底部 60 mm 以下的金属熔液不宜浇注铸件。

5）浇注安全。

清理浇注场地并使其通畅，不准有积水；参加浇注的人员必须按要求穿戴好防护用品；浇包不能装得太满，以免抬运时溢出飞溅伤人；不准用冷铁棒插入高温液体去扒渣、挡渣；抬运金属液时，步伐要稳，步调一致，听从指挥；剩余液体要倒在倒定位置。

整个熔铸过程概括如下：检查电器设备是否正常→送电→原材料准备→预热坩埚至发红→加入小块炉料、熔点较低的回炉料尽快形成熔池→加块较大的回炉料及铝锭→升温至 750～760 ℃待铝合金全部熔化→加覆盖剂→熔后充分搅拌→扒渣→精炼除气→扒渣→再加覆盖剂→静置→扒渣→出炉→浇注。

4. 砂型铸造操作步骤与要领

（1）手工造型操作技术基本要点

1）造型前的准备工作。

（a）准备造型工具：选择平整的底板和大小适应的砂箱。砂箱选择过大，不仅消耗过多的型砂，而且浪费舂砂工时。砂箱选择过小，则模周围的型砂舂不紧，在浇注的时候金属液容易从分型面即交界面间流出。通常，模与砂箱内壁及顶部之间须留有 30～100 mm 的距离，此距离称为吃砂量。吃砂量的具体数值视模大小而定。

（b）擦净木模，以免造型时型砂粘在模上，造成起模时损坏型腔。

（c）和砂：型砂的湿度要刚刚好，不能太湿也不能太干，结成块状的型砂要将其拍碎。

（d）放模：注意模上的斜度方向，不要把它放错。

2）舂砂。

（a）舂砂时必须分次加入型砂。对小砂箱每次加砂厚约 50～70 mm。加砂过多舂不紧，而加砂过少又费工时。第一次加砂时须用手将木模周围的型砂按紧，以免木模在砂箱内的位置移动。然后用舂砂锤的尖头分次舂紧，最后改用舂砂锤的平头舂紧型砂的最上层。

和　砂　　　　　放　模　　　　　舂　砂

（b）舂砂应按一定的路线进行。不可东一下、西一下乱舂，以免各部分松紧不一。

（c）舂砂用力大小应该适当，不要过大或过小。用力过大，砂型太紧，浇注时型腔内的气体跑不出来。用力过小，砂型太松易塌箱。同一砂型各部分的松紧是不同的，靠近砂箱内壁应舂紧，以免塌箱。靠近型腔部分，砂型应稍紧些，以承受液体金属的压力。远离型腔的砂层应适当松些，以利透气。

（d）舂砂时应避免舂砂锤撞击模。一般舂砂锤与木模相距 20～40 mm，否则易损坏模。

3）刮砂。舂砂完以后，要将砂箱平面以上的型砂刮掉，使整个型砂的面不超过砂箱的上平面。

4）撒分型砂。在造上砂型之前，应在分型面上撒一层细粒无黏土的干砂（即分型砂），以防止上、下砂箱粘在一起开不了箱。撒分型砂时，手应距砂箱稍高，一边转圈、一边摆动，使分型砂经指缝缓慢而均匀散落下来，薄薄地覆盖在分型面上。最后应将模上的分型砂吹掉，以免在造上砂型使分型砂粘到上砂型表面，而在浇注时被液体金属冲下来落入铸件中，使其产生缺陷。

5）直浇道制作。将上砂箱放好，向上砂箱加入型砂，放入直浇棒。

6）扎通气孔。除了保证型砂有良好的透气性外，还要在已舂紧和刮平的型砂上，用直径 2～3 mm 的通气针扎出通气孔，以便浇注时气体易于逸出，通气孔要垂直而且均匀分布。

刮砂　　　　撒分型砂　　　直浇道制作　　　扎通气孔

7）打定位销。定位销应该与直浇棒位置错开，打在砂箱对角线上。

8）揭箱、起模。揭箱时要垂直将上砂箱抬起，中间不能停顿。

（a）起模针位置要尽量与模的重心铅锤线重合。起模前，要用小锤轻轻敲打起模针的下部，使模松动，便于起模。

（b）起模时，慢慢将模垂直提起，待模即将全部起出时，然后快速取出。起模时注意不要偏斜和摆动。

9）开内浇道。内浇道要求平整不允许有散砂。

10）修型。起模后，型腔如有损坏，应根据型腔形状和损坏程度，正确使用各种修型工具进行修补。如果型腔损坏较大，可将模重新放入型腔进行修补，然后再起出。

| 打定位销 | 揭箱、起模 | 开内浇道 | 修　型 |

11）合箱。合箱是造型的最后一道工序，它对保障砂型质量起着重要的作用。合箱前，应仔细检查砂型有无损坏和散砂，浇口是否修光等。如果要下型芯，应先检查型芯是否烘干，有无破损及通气孔是否堵塞等。型芯在砂型中的位置应该

合　箱

准确稳固，以免影响铸件准确度，并避免浇注时被液体金属冲偏。合箱时应注意使上砂箱保持水平下降，并应对准合箱线，防止错箱。合箱后最好用纸或木片盖住浇口，以免砂子或杂物落入浇口中。浇注时如果金属液浮力将上箱顶起会造成跑火，因此要进行上下型箱紧固。用压箱铁、卡子或螺栓紧固。

5. 铸件的落砂、清理和缺陷分析

（1）落砂

用手工或机械使铸件和型砂、砂箱分开的操作称为落砂。落砂是铸件在铸型中凝固并适当冷却到一定温度后进行的。

（2）清理

落砂后从铸件上清除表面粘砂、型砂、多余金属（包括浇冒口、飞边和氧化皮）等的过程称为清理。浇冒口可用铁锤、锯子和气割等工具清理，粘砂用清理滚筒、喷砂器、抛丸设备等清理。

（3）铸件的缺陷分析

铸件清理后，应进行质量检验。检验铸件质量最常用的方法是宏观法。它是通过肉眼观察（或借助工具）找出铸件的表面缺陷和皮下缺陷，如气孔、砂眼、粘砂、缩孔、浇不足，冷隔等。对于铸件内部缺陷可用耐压试验，磁粉探伤，超声波探伤等方法检测。必要时，还可进行解剖检验、金相检验、力学性能检验和化学成分分析等。

由于铸造生产过程工序繁多，产生铸造缺陷的原因相当复杂。常见的铸件缺陷特征及产生的主要原因见表 1-1。

表 1-1　常见的铸件缺陷特征及产生的主要原因

缺陷名称	特　征	产生的主要原因
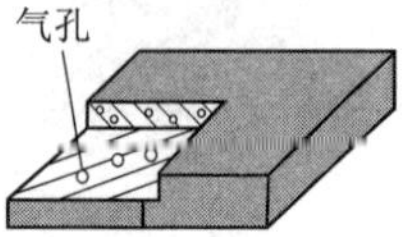 气孔	铸件内部或表面有大小不等的孔眼，孔的内壁光滑，多呈圆形	造型材料发气量过大，炉料不净，熔炼工艺不当，舂砂太紧，型砂水分太大，砂型未烘干，型芯通气孔被堵塞，金属液温度过低等
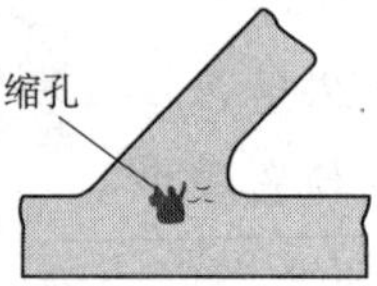 缩孔	缩孔多分布在铸件厚断面处，形状不规则，孔内粗糙	铸件结构不合理，如壁厚相差过大，造成局部金属集聚；浇注系统和窗口的位置不对，或冒口过小；浇注温度太高，或金属化学成分不合格，收缩过大等
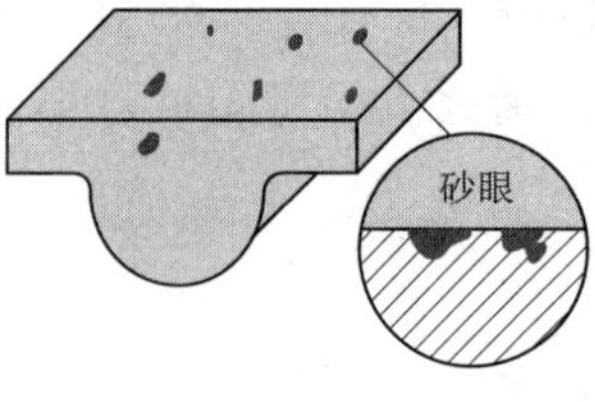 砂眼	孔眼内充满了型砂，多产生在铸件的上表面或砂芯的底部	砂型和砂芯强度太低，型腔内有薄弱部分，内浇道开设不当，砂型和砂芯烘干不良，铸型摆放时间太长，合型工作不细致等
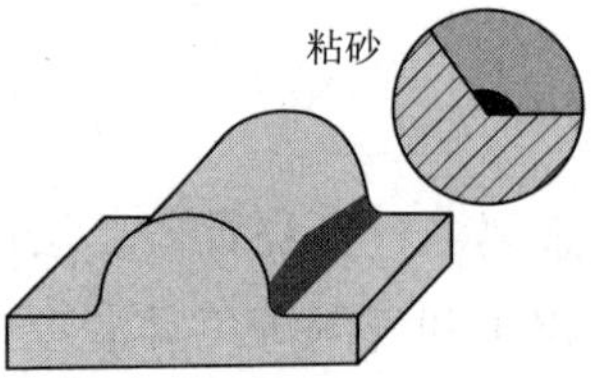 粘砂	铸件表面粗糙，粘有砂粒	型砂和芯砂的耐火度不够；浇注温度太高；未刷涂料或涂料太薄

（续）

缺陷名称	特 征	产生的主要原因
错型	铸件在分型面处错开	模样、模板、砂箱定位固定不良或上下砂箱定位不准造成的
偏芯	铸件局部形状和尺寸由于砂芯位置产生偏移而变动，造成铸件产生尺寸偏差	砂芯变形，下芯放偏，砂芯未固定好，合型碰歪或者是浇注时被冲偏等
浇不足	多出现在远离浇口部位及薄壁处，铸件残缺不全	金属液流动性差，浇注温度低，速度慢，浇注系统尺寸不合理；浇注时金属量不够；浇注时液态金属从分型面流出；铸件太薄；浇注温度太低，浇注速度太慢等
裂纹	铸件开裂，开裂处金属表面有轻微氧化色	铸件结构不合理，壁厚相差太大；砂型和型芯的退让性差；落砂过早等

1.2 锻 造 训 练

■ 1.2.1 锻造实习安全操作规程

1）工作前，要穿好工作服，戴好安全帽和护目镜，工作服应当很好地遮蔽身体，以防烫伤。

2）检查所用的工具、模具是否牢固、良好、齐备；气压表等仪表是否正常，油压是否符合规定。

3）设备开动前，应检查电气装置、防护装置，接触器等是否良好，空车试运转，确认无误后，方可进行工作。

4）采用传送带运输锻件时，要检查传送带上下左右是否有障碍物，传送带试车正常后方可作业。

5）使用的风冷设备（如轴流风机等）使用前一定要检查，以防风机叶片脱落或漏电伤人。移动时叶片应完全停止转动。

6）工作中应经常检查设备、工具、模具等，尤其是受力部位是否有损伤、松动、裂纹等，发现问题要及时修理或更换，严禁机床带病作业。

7）锻件在传送时不得随意投掷，以防烫伤、砸伤。锻件必须用钳子夹牢后再进行传送。

8）钳工在操作时，钳柄应在人体两侧，不要将钳柄对准人体的腹部或其他部位，以免钳子突然飞出。造成伤害。

9）在工作中，操作者不得用手或脚直接清除锻件上的氧化皮或推传工件。

10）锻件及工具不得放在人行通道上或靠近机械传送带，以保持道路畅通。锻件应平稳地放在指定地点。堆放不能过高，以防突然倒塌，砸伤、压伤人。

11）易燃易爆物品不准放在加热炉或热锻件旁。

12）除工作现场操作人员外，严禁无关人员近距离观看，防止工件飞出击伤人。

13）工作完毕后，关闭液压、气压装置，切断电源。清理现场卫生，填写交接班记录。

■ 1.2.2 锻造基本训练

1. 任务与要求

完成图1-9所示简单零件螺母的锻造。

2. 加工图样及工艺分析

（1）零件图样分析

从图1-10中可以看出，此零件呈六棱柱结构，中间有圆孔，上端面有倒边角。柱体结构对应着锻造工艺过程的镦粗，中心孔对应冲孔，倒边角对应着侧锥面，最后攻丝，完成螺母的加工。

图1-9 锻造螺母

45号钢主要合金元素为铁、碳、铬、锰、镍等，具有良好的可成型性（可锻性），同时具有很好的切削加工性能。

（2）加工工艺分析

1）毛坯的确定。

从图1-10中可以看出，此零件的最大尺寸为，高度27 mm，因此可以使用 $\phi16$ 的圆棒料，用锯床下料，毛坯尺寸为 $\phi16 \times 27$ mm。

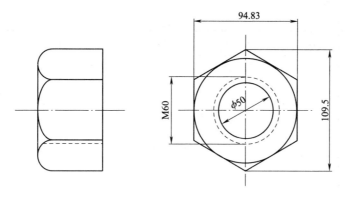

图 1-10　螺母结构尺寸图

2）装夹选择。

尖嘴夹钳，圆嘴夹钳。

3）加工路线。

锻粗→冲孔→打六方→侧锥面→攻丝。

4）选择工具。

尖嘴夹钳、圆冲子、漏盘、抱钳、六角槽垫、方或窄平锤、样板、窝子。

3. 工作准备及操作

（1）领取工、量、夹、辅具及毛坯

本例零件的加工需要尖嘴夹钳、圆冲子、漏盘、抱钳、六角槽垫、方或窄平锤、样板、窝子和 45 号棒材。

（2）开机并预热机床

开机，预热机床。

（3）锻造加工

按照工艺卡进行加工，工序卡见表 1-2。

（4）检测

用游标卡尺对锻件外形尺寸进行检测。

表 1-2　螺母自由锻工艺卡

锻件名称	螺母	图　　　例		
坯料质量	5 kg			
坯料尺寸	φ80×135 mm			
材　　料	低碳钢			
始锻温度	1250 ℃			
终锻温度	800 ℃			

(续)

序号	工 序	图 例	所用工具
1	毛坯	135 80	锯床
2	镦粗		尖嘴夹钳
3	冲孔		尖嘴夹钳、圆冲子、漏盘、抱钳
4	打六方		圆嘴夹钳、圆冲子、六角槽垫、方或窄平锤、样板
5	倒锥面		尖嘴夹钳、窝子
6	攻丝或车内螺纹		攻丝机或车床

■ 1.2.3 锻造拓展训练

任务与要求：完成阶梯轴毛坯的锻造。

加工工艺分析，工作准备与操作参见基本训练部分，工艺卡见表1-3。

表1-3 阶梯轴毛坯自由锻工艺卡

锻件名称	阶梯轴毛坯	图 例	
坯料质量	2.5 kg		
坯料尺寸	φ65×95 mm		
材 料	40Cr		
始锻温度	1250 ℃		
终锻温度	850 ℃		

序号	工 序	图 例	所用工具
1	毛坯		锯床
2	拔长		火钳
3	压肩		火钳、压肩、摔子
4	拔长		火钳
5	摔圆		火钳、摔圆、摔子

19

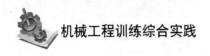

（续）

序号	工序	图例	所用工具
6	压肩		火钳、压肩、摔子
7	拔长	略	
8	摔圆	略	
9	修整	略	

1.3 焊接训练

▌1.3.1 焊接安全操作规程与保护

1. 一般情况下的安全操作规程

1）做好个人防护。焊工操作时必须按劳动保护规定穿戴好防护工作服、绝缘鞋和防护手套，并保持干燥和清洁。

2）焊接工作前，应先检查设备和工具是否可靠。不允许未进行安全检查就开始操作。

3）焊工在更换焊条时一定要戴电焊手套，不得赤手操作。在带电情况下，不得将焊钳夹在腋下而去搬动焊件或将电缆线挂在脖子上。

4）在特殊情况下（如夏天身上大量出汗，衣服潮湿时），切勿依靠在带电的工作台、焊件上或接触焊钳，以防发生事故。在潮湿地点焊接作业，地面上应铺上橡胶板或其他绝缘材料。

5）焊工在推拉闸刀时，要侧身向着电闸，防止电弧火花烧伤面部。

6）下列操作应在切断电源开关后才能进行：改变焊机接头、更换焊件需要改接二次线路、移动工作地点、检修焊机故障和更换熔断丝。

7）焊机安装、检修和检查应由电工进行，焊工不得擅自拆修。

8）焊接前，应将作业场 10 m 内的易燃易爆物品清除或妥善处理，以防止火灾或爆炸事故。

9）工作完毕离开作业场所时须切断电源，清理好现场，防止留下事故隐患。

10）使用行灯照明时，电压不得超过 36 V。

2. 设备的安全检查

（1）设备安全检查的必要性

焊接工作前，应先检查焊机和工具是否安全可靠，这是防止触电事故及其他设备事故的重要环节。

（2）焊条电弧焊施焊前对设备检修的项目

1）检查电源的一次、二次绕组绝缘与接地情况。应检查绝缘的可靠性、接线的正确性、电网电压与电源的铭牌是否吻合。

2）检查电源接地的可靠性。

3）检查噪声和振动情况。

4）检查焊接电流调节装置的可靠性。

5）检查是否有绝缘烧损。

6）检查是否短路，焊钳是否放在被焊工件上。

3. 焊接劳动保护

所谓劳动保护是指为保障职工在生产劳动过程中的安全和健康所采取的措施。焊接劳动保护应贯穿于整个焊接过程中。加强焊接劳动保护的措施很多，主要应从两方面来控制：一是从研究和采用安全卫生性能好的焊接技术及提高焊接机械化、自动化程度方面着手；二是加强焊工的个人防护。

1）采用安全卫生性能好的焊接技术及提高焊接自动化水平，要不断改进、更新焊接技术、焊接工艺，研制低毒、低尘的焊接材料。采取适当的工艺措施减少和消除可能引起事故和职业危害的因素，如采用低标、低毒、低尘焊条代替普通焊条。采用安全卫生性能好的焊接方法，如埋弧焊、电阻焊等，或以焊接机器人代替焊条电弧焊等手工操作技术。提高焊接机械化、自动化程度，也是全面改善安全卫生条件的主要措施之一。

2）加强焊工的个人防护。在焊接过程中加强焊工的自我防护也是加强焊接劳动保护的主要措施。焊工的个人防护主要有使用防护用品和搞好卫生保健等方面。

①使用个人防护用品。焊接作业时的防护用品种类较多，有防护面罩、头盔、防护眼镜、安全帽、防噪声塞、耳罩、工作服、手套、绝缘鞋、安全带、防尘口罩、防毒面罩等。在焊接生产过程中，必须根据具体焊接要求加以正确选用。

②搞好卫生保健工作。焊工应进行从业前的体检和每两年的定期体检。应设有焊接作业人员的更衣室和休息室；作业后要及时洗手、洗脸，并经

常清洗工作服及手套等。总之，为了杜绝和减少焊接作业中事故和职业危害的发生，必须科学地、认真地搞好焊接劳动保护工作，加强焊接作业安全技术和生产管理，使焊接作业人员可以在一个安全、卫生、舒适的环境中工作。

■ 1.3.2 焊接基本训练——引弧和运条

1. 任务和要求

通过焊条电弧焊的引弧和运条练习，熟悉焊接的基本环节，正确准备个人劳保用品，并对场地、设备、工具、夹具进行安全检查。

2. 引弧和运条方法

（1）引弧

引弧的方法有接触短路引弧法和高频高压引弧法两种。接触短路引弧法主要用于焊条电弧焊和埋弧自动焊中，是将焊条与焊件相接触导致短路从而产生短路电流，然后迅速将焊条提起 2~4 mm，这时焊条与焊件表面之间产生一个电压，使空气电离而产生电弧。高频高压引弧法主要用于氩弧焊、等离子弧焊中，是利用高压直接将两电极之间的空气电离，引发电弧。

焊机开关机

引弧

焊条电弧焊引弧的方法有两种：

1）敲击法：将焊条与工件保持一定距离，然后垂直落下使之轻轻敲击工件，发生短路，再迅速提起焊条产生电弧的引弧方法，如图 1-11 所示。

2）擦划法：擦划法是焊条末端在焊件上直线滑动，当焊条端部接触焊件时发生短路，然后将焊条提起，产生电弧的引弧方法，如图 1-12 所示。

使用敲击法引弧时，焊条容易粘在焊件上，因此建议初学者采用擦划法引弧。

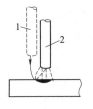　　　　　

图 1-11　敲击法　　　　图 1-12　擦划法

（2）运条

运条是保证电弧稳定的一项工作。运条由三个基本运动组成（见图 1-13）。

1）焊条向下送进。要求焊条向下送进速度与焊条融化速度相等，以便电弧长度维持不变。

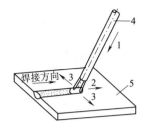

图 1-13　运条　　　　　　　　　运　条

1—向下送进；2—沿焊接方向移动；3—横向移动；

4—焊条；5—工件

2）焊条沿焊缝方向移动。焊条沿焊缝方向向前运动，其移动速度就是焊接速度。

3）焊条的横向摆动。焊条以一定的运动轨迹周期地向焊缝左右摆动，以获得一定宽度的焊缝。

常用的运条方法有：直线形运条法、直线反复形、锯齿形、月牙形、环形、8 字形、斜锯齿形、三角形等，如图 1-14 所示。

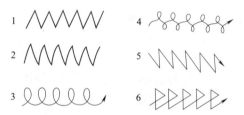

图 1-14　焊条摆动形式

1—锯齿形；2—月牙形；3—环形；4—8 字形；5—斜锯齿形；6—三角形

3. 引弧和运条练习

（1）材料和工件准备

准备好交流弧焊机、焊帽、J422 φ3.2 焊条、Q235 钢板、焊接防护面罩、防尘口罩等。

（2）劳动保护与安全检查

1）劳动保护要求。

穿工作服：焊接工作服的种类很多，最常用的是白色棉帆布工作服，因为白色棉帆布对弧光有反射作用，棉帆布有隔热、耐磨、不易燃烧可防止烧伤和烫伤等作用。

戴焊工防护手套：焊工防护手套一般为牛（猪）绒面革手套，具有绝缘、耐辐射热、耐磨、不易燃烧和对高温金属飞溅物起反弹等作用。

穿焊工防护鞋：应具有绝缘、抗热、不易燃、耐磨损和防滑的性能。

使用焊接防护面罩：电焊防护面罩应有合乎作业条件的滤光镜片起防止焊接弧光，保护眼睛的作用。应遮住脸部和耳部保证无漏光，且防止弧光和金属飞溅物烫伤面部和颈部。

佩戴防尘口罩。

2）焊接场地的检查。

首先检查焊接作业地点的设备、工具、材料是否排列整齐，不能乱堆乱放。检查焊接场地是否保持必要的通道，车辆通道宽度不小于 3 m，人行通道不小于 1.5 m。

检查焊接电缆是否互相缠线，如有缠线必须分开。

检查作业场地周围 10 m 范围内各类可燃烧易爆物品是否清除干净，如果清除干净，应采取可靠的安全防护措施，以防止火灾的发生。

（3）制定焊接规范。

焊接规范也叫焊接工艺参数。焊条电弧焊中，焊接规范是指焊条牌号、焊接电源种类和极性、焊接电流的强度、电弧电压、焊条直径、焊缝层数、焊接速度等。

1）焊条种类和牌号的选择。主要根据母材的性能、接头的刚性和工作条件来选择焊条。焊接一般碳钢和低合金钢时，一般结构选用酸性焊条，重要结构选用碱性焊条。

2）焊接电源种类和极性的选择。焊条电弧焊使用的电源种类有交流和直流两种，根据焊条的性质进行选择。一般酸性焊条可以使用交、直流两种电源，优选交流弧焊机。碱性焊条必须使用直流弧焊机，对于药皮中含有较多稳定剂的焊条，也可以使用交流弧焊机，但电源的空载电压要设置得高一些。

采用直流电源时，有正接法和反接法两种。正接法是工件接焊接电源的正极，焊钳接焊接电源负极。反接法是工件接焊接电源的负极，焊钳接焊接电源正极。接法的选择原则是：碱性焊条通常采用反接法，酸性焊条如使用直流电源时通常采用正接法；厚钢板焊接时，可采用正接法，薄板、铸铁、有色金属的焊接应采用反接法。采用交流电源时，不存在正接和反接问题。

3）焊条直径的选择。焊条直径可以根据焊件厚度来选择。焊件厚度越大，焊条直径应越大。但厚板对接接头坡口打底焊时要选用较细的焊条。另外，焊条直径的选择也应考虑接头形式、焊缝空间位置等因素。

4）焊接电流的选择。焊条直径、药皮类型、工件厚度、接头形式、焊接位置、焊道层次等因素均影响焊接电流的选择，但焊接电流主要由焊条直径、焊接位置和焊道层次来决定。焊条直径越大，焊接电流越大。每种直径的焊条都有一个最合适的电流范围，可以根据下面的经验公式确定：

$$I = （35 \sim 55）d$$

式中：I 为焊接电流；d 为焊条直径。

焊接位置不同，焊接电流也不一样。在平焊位置焊接时，可选偏大些的焊接电流；横、立、仰焊位置，焊接电流应比平焊位置小 10％～20％。

不同焊道层次的焊接，焊接电流不同。通常焊接打底焊道时，使用的焊接电流要小；焊填充焊道时，通常使用较大的焊接电流；焊盖面焊道时，焊接电流要稍小些。

5）电弧电压的确定。电弧电压主要决定于弧长。电弧越长，电弧电压越高。在焊接时，一般希望弧长始终保持一致，而且尽可能用短弧焊接（弧长为焊条直径的 0.5～1 倍）。

6）焊接速度的选择。在保证焊缝所要求的尺寸和质量的前提下，由焊工根据具体情况灵活掌握。焊接速度过慢，热影响区加宽，晶粒粗大，变形也大；速度过快，易造成未焊透、未熔合、焊缝成型不良等缺陷。

7）焊接层数的选择。在厚板焊接时，必须采用多层焊或多层多道焊，每层焊道的厚度不大于 4～5 mm。

（4）焊前表面清理

焊前表面清理方法主要有机械清理和化学清理两种。机械清理可以采用旋转钢丝刷、金刚砂毡轮抛光等，或者采用喷丸、喷砂处理。化学处理包括去油、酸洗、钝化等。

（5）引弧和运条练习

运条操作过程中要掌握好"三度"，即电弧长度、焊条角度和焊接速度。

1）电弧长度：合理的电弧长度约等于焊条直径。

2）焊条角度：焊条与焊缝两侧工件平面的夹角应相当。如平板对接焊两边均应等于 90°，而在焊缝方向上则应向焊条运动方向倾斜 10°～20°。

3）焊接速度：速度应均匀且适当，这时焊道的熔宽约等于焊条直径的 2 倍，表面平整，波纹细密。

4. 焊接训练评价

对焊缝质量、焊接操作规范和工作态度等方面进行评价。

5. 思考与练习

1）为什么金属材料的永久性连接技术中以熔焊最为常见？

2）总结焊接操作过程和安全注意事项。

3）进行运条练习。

1.3.3　焊接拓展训练——钢板对接平焊

1. 任务和要求

根据图 1-15 所示的焊件图，完成其焊接，以熟悉焊接的基本环节，掌握

V型坡口对接平焊的单面焊双面成型技术。

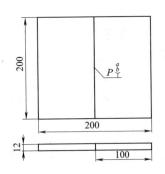

技术要求：
1. 平焊，单面焊双面成型。
2. b=3.2～4.0，a=60°
   P=0.5～1。
3. 焊接后变形量小于3°。
材料：20 g。

图 1-15　对接焊接图

2. 分析焊接图，制定焊接规范

（1）焊接图分析

焊接图如图 1-15 所示，由图可见，试件材料为低碳结构钢 20 g，试件尺寸为 200 mm×200 mm×12 mm，坡口形式为 60°V 形坡口，坡口深 3.2～4 mm，钝边厚度为 0.5～1 mm。焊接技术要求单面焊双面成型，焊接后变形量小于 3°。

（2）焊接规范制定

1）焊条种类和牌号的选择。由于焊件是 20 g，属于结构钢。因此，根据等强度原则选用 J422 焊条。此焊件为一般结构件，故选用酸性焊条。

2）焊接电源种类和极性的选择。由于焊条选用的是酸性焊条，可同时采用交、直流两种电源，一般优选交流弧焊机。采用交流电源时，不存在正接和反接的问题。

3）焊条直径的选择。可根据焊件厚度选择焊条直径。厚度越大，焊条直径应越大。但厚板对接接头坡口打底焊时要选用较细焊条，这里选用 $\phi 3.2$ 的焊条。

4）焊接电流的选择。根据经验公式 $I=（35～55）d$，计算得焊接电流为 112～176 A。在平焊位置时，焊接电流可偏大些，这里取 180 A。此外，焊接打底焊道时，特别是焊接单面焊双面成型的焊道时，使用的焊接电流要小，以便于操作和保证背面焊道的质量；焊填充焊道时，通常使用较大的焊接电流，以提高效率；焊覆盖面焊时，焊接电流要稍小些，以防止咬边和获得美观的焊缝。

5）电弧电压的选择。焊工根据具体情况灵活掌握，其原则是既要保证焊缝具有合乎要求的尺寸和外形，也要保证焊透。

6）焊接速度的选择。在保证焊缝所要求的尺寸和质量的前提下，由焊工根据情况灵活掌握。

7）焊接层数的选择。由于板厚为 12 mm，大于每层焊道厚度不大于 4～5 mm 的要求，因此必须采用多层焊或多次多道焊，这里采用三层三道焊。

3. 焊接前准备及安全检查

（1）材料和工件准备

准备好交流弧焊机、焊帽、ϕ3.2 的 J422 焊条、20 g 钢板、焊接防护面罩、防尘口罩等。

（2）劳动保护与安全检查

穿好工作服、戴焊工防护手套、穿焊工防护鞋、准备焊接防护面罩、佩戴防尘口罩等。检查焊接作业地点的设备、工具、材料是否排列整齐，不能乱堆乱放。检查焊接场地是否保持必要的通道，车辆通道宽度不小于 3 m，人行通道不小于 1.5 m。检查作业场地周围 10 m 范围内各类可燃易爆物品是否清除干净，如果没有清除干净，应采取可靠的安全防护措施，以防止火灾的发生。

（3）焊前清理

将坡口两侧 20 mm 范围内的铁锈、油污、氧化物等清理干净，露出金属光泽。

4. 操作步骤与要领

（1）点固

为了固定两焊件的相对位置，焊前要在工件两端进行定位焊。装配间隙：始焊端 3 mm，终焊端 4 mm，反变形 3°～4°，错边量 1.2 mm，钝边 0.5～1 mm。

（2）打底焊

打底焊是单面焊双面成型的关键，主要有三个重要环节：引弧、收弧、接头。焊条与焊接前进方向的角度为 45°～55°，选用断弧焊。

1）引弧。在始焊端的定位焊处引弧并略抬高电弧稍做预热，当焊至定位焊缝尾部时将焊条向下压，听到"噗"声后立即灭弧，此时熔池前端应有熔孔，深入两侧母材 0.5～1 mm。当熔池边缘变成暗红色，熔池仍处于熔融状态时，立即在熔池中间引燃电弧，焊条略向下轻微压一下形成熔池，打开熔孔立即灭弧，这样反复击穿直到焊完，注意焊条的间距要均匀准确使电弧的 2/3 压住熔池，1/3 作用在熔池前方用来熔化和击穿坡口根部形成熔池。

2）收弧。即将更换焊条，应在熔池前方做一个熔孔然后回焊 10 mm 左右再灭弧，然后更换焊条。

3）接头采用热接法。接头时换焊条的速度要快，在收弧处还没有完全冷却时立即在熔池后 10～15 mm 处引弧。当焊至收弧熔池边缘时，将焊条向下压听到击穿声，稍作停顿然后灭弧。

（3）填充焊

填充焊的操作要点如下：

1）对打底焊缝要仔细清渣，应特别注意死角处的焊渣清理。

2）焊条角度。对口间隙太小时的焊条角度为 90°；对口间隙正确时的焊条角度为 45°～70°；对口间隙太大时的焊条角度为 110°～130°。

3）填充层的焊接高度低于表面 1.5～2 mm，焊接时不允许烧化坡口棱边。

（4）盖面焊

保持焊条高度，焊接熔池边缘应超过坡口棱边 0.5～1.5 mm。焊条横向摆动幅度应比填充焊时稍大，应尽量保持焊接速度均匀。

（5）平焊

采用三层三道焊；对接横焊中，采用左向焊法，三层六道，打底焊以小幅度锯齿形摆动，自右向左焊接。整个填充层厚度应低于母材 1.5～2 mm，覆盖层的焊接操作要领基本同填充焊。

5. 焊接训练评价

对焊缝质量、焊接操作规范、文明操作和工作态度等方面进行评价。

6. 思考与练习

1）简述劳动保护的要求。

2）焊机的分类及表示方法是怎样的？

3）焊条的分类及表示方法是怎样的？

4）焊条电弧焊的基本操作技术有哪些？

5）钢板对接平焊的基本操作要求是什么？

对接平焊

1.4 板料成型训练

▌1.4.1 板料成型实习安全操作规程

1）采用机械压力机冲裁、成型时，应遵守本规程；进行锻造或切边时，还应遵守锻工有关规程。

2）暴露在外的传动部件，必须安装防护罩。禁止在卸下防护罩的情形下开车或试车。

3）开车前应检查设备及模具的主要紧固螺栓有无松动，模具有无裂纹，操纵机构、急停机构或自动停止装置、离合器、制动器是否正常。必要时，对大压床可开动点动开关试车，对小压床可用手板试车，试车过程要注意手指安全。

4）模具安装调试应由经培训的模具工进行；安装调试时应采取垫板等措施，防止上模零件坠落伤手。冲压工不得擅自安装调试模具。模具的安装应使闭合高度正确；尽量避免偏心载荷；模具必须紧固牢靠，经试车合格，方能投入使用。

5）工作中注意力要集中。禁止边操作、边闲谈或抽烟。送料、接料时严禁将手或身体其他部位伸进危险区内。加工小件应选用辅助工具（专用镊子、钩子、吸盘或送接料机构）。模具卡住坯料时，只准用工具去解脱和取出。

6）两人以上操作时，应固定开车人，统一指挥，注意协调配合。

7）发现冲压床运转异常或有异常声响，如敲键声、爆裂声，应停机查明原因；传动部件或紧固件松动，操纵装置失灵发生连冲，模具裂损应立即停车修理。

8）在排除故障或修理时，必须切断电源、气源，待机床完全停止运动后方可进行。

9）每冲完一个工件，手或脚必须离开按钮或踏板，以防止误操作。严禁用压住按钮或脚踏板的办法使电路常开，进行连车操作。连车操作应经批准或根据工艺文件进行。

10）操作中应站稳或坐好。与他人联系工作应先停车，再接待。无关人员不许靠近冲床或操作者。

11）配合行车作业时，应遵守挂钩工安全操作规程。

12）生产中坯料及工件堆放要稳妥、整齐、不超高；冲压床工作台上禁止堆放坯料或其他物件；废料应及时清理。

13）工作完毕，应将模具落靠，切断电源、气源，并认真收拾所用工具和清理现场。

■ 1.4.2 板料成型基本训练

1. 任务和要求

对板料加工成型中的剪切、落料、冲孔、弯曲等基本操作进行训练。正确使用冲压设备及案装工模具。

2. 典型图样及加工工艺特点

板料成型的典型图样及工艺特点见表1-4。

表 1-4 典型图样及加工工艺特点

名　称	典型图样	工艺特点
切断	零件	用剪刀或冲模切断板材，切断线不封闭

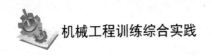
（续）

名　称	典型图样	工艺特点
落料	废料　　　零件	用冲模沿封闭轮廓曲线冲切板材，冲下来的部分为工件
冲孔	零件　　　废料	用冲模沿封闭轮廓曲线冲切板材，冲下来的部分为废料
弯曲		将板料弯成一定的形状

3．工作准备

（1）领取工、量、夹、辅助及毛坯

本例零件的加工需要夹子、卡尺、相应的模具和毛坯。

（2）开机并预热机床

开机，预热机床。

（3）装夹模具

装冲剪模、落料模、弯曲模。

（4）工件安装

工件根据定位尺寸，平行安置在模具上面。

4．加工及检验

严格按照加工方法及要领完成基本训练项目，并对加工后的工件进行检验，总结和交流操作经验。

▌1.4.3　板料成型拓展训练

1．任务和要求

完成书立的制作：书立是用来支撑书籍平稳站立的物品。多用铁、不锈钢等材料制成 L 形并成对出现。书立可以避免一列站立的书倾斜歪倒，防止书籍折角、弯曲或损坏。书立还可以用于归纳整理不同类的书籍。图书馆多会使用书立整理有空隙的书架，公司及个人也可以使用书立在平整的书桌上开辟整齐的图书资料空间。下面以十六分低音音符为例，开展基本和拓展训练。

2. 零件图样及加工工艺分析

（1）零件图样分析

如图 1-16、图 1-17 所示，此零件主要外形为矩形，采用落料方式完成，中间有两个异形孔，构成低分音符图案，采用剪切方式来完成，立边与底边形成直角，采用弯曲方法来实现。加工顺序为剪切、落料、弯曲。

图 1-16　十六分音符书立的展开图

图 1-17　十六分音符书立的实物图

（2）加工工艺分析

1）毛坯的确定。

根据外形尺寸，确定板料的幅面尺寸，厚度为 0.8 mm。采用剪床下料。

2）装夹模具。

本训练包括三套模具，分别是冲剪模具、落料模具、弯曲模具。分别把模具装夹在摇臂冲床上，保证安装平整，定位准确。

3）加工路线。

加工路线为冲剪→落料→弯曲。

4）后续处理。

后续处理为打磨去毛刺，并喷涂外观。

3. 填写工艺文件

根据零件图样分析和工艺分析的结果，填写冲压加工工艺过程卡和工序卡。

4. 工作准备

（1）领取工、量、夹、辅助及毛坯

本例零件的加工需要夹子，卡尺，相应的模具和毛坯。

（2）开机并预热机床

开机，预热机床。

（3）装夹模具

装冲剪模、落料模、弯曲模。

（4）工件安装

工件根据定位尺寸，平行安装在模具上面。

5. 基本操作过程

基本操作过程为：书立设计→模具设计与加工→排样→剪切→落料→折弯→打磨→喷涂，或采用激光金属切割代替模具设计与加工、排样、剪切、落料等步骤。

下料

（1）书立设计

采用 AutoCAD 设计书立的展开图。

（2）模具设计与加工

根据展开图设计冲压模具，实际工程训练中，这一步工程训练过程省略。

（3）排样

十六分低音音符书立外形近似为矩形，采用对齐排列模式，可以最大限度减少费料。

（4）剪切

完成冲出一个异形孔和一个矩形孔的操作。

（5）落料

完成展开图外形的下料、剪切与落料，保证良好的定位。

（6）弯曲

在直角弯曲模上，完成直角弯曲，注意左右侧的区别。

弯曲

（7）打磨

通过打磨去毛刺，便于后序的喷涂。

（8）喷涂

喷涂后，进一步增强装饰效果。

喷涂

6. 加工及检验

严格按照加工方法及要领完成训练项目，并对加工后的工件进行检验，总结和交流操作经验。

第 2 章

机械加工训练

2.1 车削加工训练

2.1.1 车削加工安全操作规程

1. 开机前的准备

开机前，应当遵守以下操作规程：

1）穿戴好劳保用品，不要戴手套操作机床。

2）检查铣床的各手轮、摇把是否处于规定的位置。

3）机床开始工作前要预热，认真检查润滑系统工作是否正常（润滑油是否充足，冷却液是否充足），如机床长时间未开动，先采用手动方式向各部分供油润滑。

4）使用的刀具应与机床允许的规格相符，有严重破损的刀具要及时更换；调整刀具所用工具，不要遗忘在机床内。

5）检查安装在车床上的夹具及工件是否装夹牢固，以免在车削过程中发生松脱造成事故。

6）操作者必须详细阅读机床的使用说明书，熟悉机床一般性能、结构，严禁超性能使用。在未熟悉机床操作前，切勿随意动机床，以免发生安全事故。

7）操作前必须熟知每个按钮的作用以及操作注意事项。注意机床各个部位警示牌上所警示的内容。机床周围的工具要摆放整齐，要便于拿放。

2. 加工中的操作规程

在加工操作中，应当遵守以下操作规程：

1）检查油路是否畅通，将各注油孔注油，空转试车 2 min 以上，查看油窗等部位，并听声音是否正常，对机床各滑动部分注润滑油。

2）用卡盘装卡工件时，其卡爪不得超出卡盘三分之一。

3）机床运转时，严禁戴手套操作；严禁用手触摸机床的旋转部分，严禁在车床运转中隔着车床传送物件。装卸工件，安装刀具，加油以及打扫切屑，均应停车进行。清除铁屑应用刷子或钩子，禁止用手清理。

4）机床运转时，不准测量工件，不准用手去刹转动的卡盘；用砂纸时，应放在锉刀上，严禁戴手套操作砂纸。磨破的砂纸不准再次使用，不准使用无柄锉刀，不得用正反车电闸作刹车，应经中间刹车过程。

5）加工工件按机床技术要求选择切削用量，以免机床过载造成意外事故。

6）加工切削时，停车时应将刀退出。切削长轴类须使用中心架，防止工件弯曲变形伤人；伸入床头的棒料长度不超过床头立轴之外，并慢车加工，伸出时应注意防护。

7）高速切削时，应有防护罩，工件、工具的固定要牢固，当铁屑飞溅严重时，应在机床周围安装挡板使之与操作区隔离。

8）机床运转时，操作者不能离开机床，发现机床运转不正常时，应立即停车，请维修工检查修理。当突然停电时，要立即关闭机床，并将刀具退出工作部位。

9）工作时必须侧身站在操作位置，禁止身体正面对着转动的工件。

10）使用四爪卡盘夹紧工件时，必须均衡用力。卡畸形或偏心工件时所加平衡块必须紧固，刹车不准过猛。

11）拉尾座时，不准用力过猛，拉到位置后要锁紧，防止脱落伤人。

12）车床运转不正常、有异声或异常现象，轴承温度过高，要立即停车，并报告老师。

13）刀具磨损后，应及时刃磨或更换，停车时先退刀，当刀具未全部离开工件时，切勿停车。

14）只允许单人操作机床，严禁两人同时操作。

3. 工作后的操作规程

工作结束后，应当遵守以下操作规程：

1）做好机床清扫工作，保持清洁，填好工作记录。发现问题要及时反映。

2）要打扫干净工作场地，擦拭干净机床，应注意保持机床及控制设备的清洁。清洁机床时，应在主轴锥孔中插入无刀刀柄，防止灰尘飞入。工作台和防护间的碎屑和灰尘，最好用一些除尘装置来清理，但严禁使用易燃、有毒或有污染的设备；严禁使用压缩空气吹扫设备表面，严禁用冷却水冲洗机床，否则会降低机床寿命，甚至损害机床。对电机等电气件要经常打扫积尘，以免妨碍通风。

3）工作完毕后，应使机床各部处于原始状态，并切断系统电源才能离开。

4）妥善保管机床附件，保持机床整洁、完好。

2.1.2 车削加工基本训练

1. 任务和要求

通过完成如图 2-1 所示零件的加工操作，学会车床的简单操作，学会刀具的安装及夹具、工件的装夹及游标卡尺的使用方法，掌握外圆、台阶和端面的车削要领。

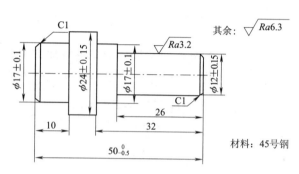

图 2-1 阶梯轴（CAD 图）

2. 零件图样及加工工艺分析

（1）零件图样分析

从图 2-1 中可以看出，此零件为一个轴类零件。轴类零件是常见的典型零件之一，按轴类零件结构的不同，一般可以分为光轴、阶梯轴和异形轴三类；也可分为实心轴、空心轴等。它们在机器中用来支承齿轮、带轮等传动零件，以传递转矩和运动。本项目为一个典型的阶梯轴。轴类零件一般在车床、外圆磨床完成。从图 2-1 可以看出此零件的精度要求不高，可以选用普通车床对其进行加工。零件数量为 50 件，属于单件小批量生产，不需设计专用的夹具。

该零件材料 45 号钢，属于优质碳素结构钢，牌号为 45，表示其平均含碳量为 0.45%，这种钢强度、韧性较好，加工性也好，经调制处理后，具有优良的综合机械性能。广泛用来制造齿轮、轴类及套筒等零件。

（2）加工工艺分析

1）毛坯的确定。

从图 2-1 中可以看出，此零件的最大直径为 24 mm，且长度较短，因此选择外圆为 $\phi25$ 的棒料可以满足要求，长度留 5 mm 的加工余量。因此毛坯的下料尺寸为 $\phi25 \times 55$ mm。

2）装夹选择。

由于毛坯是圆棒料，宜采用三爪卡盘安装。

3）量具选择。

轴向加工时需要测量长度，确定切刀位置要用钢直尺；直径测量选用游标卡尺即可。

4）选择刀具。

端面和倒角加工选用45°车刀，阶梯加工选用90°外圆车刀。

5）确定切削用量。

切削用量的具体数值应根据机床的性能、刀具材料、工具材料、加工性质，查阅相关的手册并结合实际经验确定，详见工序卡。

3. 填写工艺文件

根据零件图样分析和工艺分析的结果，填写机械加工工艺过程卡和工序卡。机械加工工艺过程卡见表 2-1，车削加工工序卡见表 2-2。

表 2-1 机械加工工艺过程卡

机械加工工艺过程卡		产品名称	零件名称	零件图号
				图 2-1
材料名称及牌号	45 号钢	毛坯种类或材料规格	$\phi25$ 棒料	总工时
工序号	工序名称	工序简要内容	设备名称及型号	夹具	量具	工时
10	下料	下料 $\phi25\times55$ mm	带锯床		钢皮尺	
20	车	按图加工到尺寸	C6132	三爪卡盘	游标卡尺、钢皮尺	
30	钳	去毛刺、锐边倒钝	钳工台	虎钳		
40	检验	检验入库			游标卡尺	

表 2-2 车削加工工序卡

车削加工工序卡					
零件名称	阶梯轴	零件图号	图 2-1	夹具名称	三爪卡盘
设备名称及型号			C6132		
材料名称及牌号	45 号钢	工序名称	车	工序号	20

工步号	工步内容	切削用量			刀具		量具	
		f	n	a_p	编号	名称	编号	名称
10	夹持毛坯外圆伸出 35 mm，找正夹紧							钢皮尺
20	车端面见光	0.1	560	1		45°偏刀		
30	车外圆 $\phi24\times19$ mm	0.1	560	1		90°外圆车刀		游标卡尺

（续）

工步号	工步内容	切削用量			刀具		量具	
		f	n	a_p	编号	名称	编号	名称
40	掉头夹 $\phi24$，车端面，保证总长 $50_{-0.5}^{0}$ mm	0.1	560	1		45°偏刀		游标卡尺
50	车外圆 $\phi17\times32$ mm，车外圆 $\phi12\times26$ mm	0.1	560	1		90°外圆车刀		游标卡尺
60	倒角 $1\times45°$		560			45°偏刀		
70	掉头夹持 $\phi12$ mm 外圆（垫铜皮保护）车外圆 $\phi17\times10$ mm	0.1	560	1		90°外圆车刀		游标卡尺
80	倒角 $1\times45°$		560			45°偏刀		
90	检验							游标卡尺

4. 工作准备

（1）领取工、量、夹、辅具及毛坯

本例零件的加工需要领用卡盘扳手、刀架扳手、钢皮尺、游标卡尺、相应刀具及刀片、毛坯、刀具安装垫片。

（2）开机并预热机床

开机后以 300 r/min 的转速启动主轴，预热机床。

（3）检查毛坯

1）检查毛坯的形状和表面质量：检查各面之间是否基本平行、垂直、表面是否有无法通过车削加工的凹陷、硬点等。

2）检验加工余量：用钢直尺和游标卡尺检查毛坯的尺寸，以检验毛坯是否有足够的加工余量。

（4）安装车刀

在四方刀架上安装好 45°偏刀，90°外圆车刀。在装夹刀具时应注意以下几点：

1）车刀刀尖应与车床的主轴轴线等高，可根据尾座顶尖的高度来进行调整。

2）车刀刀杆应与车床主轴轴线垂直。

3）车刀伸出长度应尽可能短些，一般伸出长度不超过刀杆厚度的 1.5 倍。若伸出太长，刀杆刚性减弱，切削时容易产生振动。

4）刀杆下面的垫片应平整，且数量不宜太多。

5）车刀位置装正后，应拧紧刀架螺钉以压紧刀具，一般用两个螺钉，并交替拧紧。

（5）装夹工件

用三爪卡盘夹持毛坯外圆，毛坯伸出卡爪 35 mm，找正夹紧。

工件装夹找正

5. 操作要领

（1）车外圆操作要领

1）加工外圆，车削高度大于 5 mm 的台阶轴时，外圆应分层切除。

2）采用边车边停车测量，同时利用机床刻度盘控制好尺寸。

外圆的加工

3）车外圆的方法和步骤是：一车、二退、三进刀、四试、五测、六加工。

（2）车端面操作要领

1）安装工件时，要对其外圆和端面找正。

2）端面的直径从外到中心是变化的，切削速度也在变化，不易车出较小的表面粗糙度值，因此工件的转速可以选择比车外圆的高一些，还可以由中心向外车削。

端面的加工

3）车直径较大的端面，为使车刀能准确地横向进给而无纵向松动，应将大溜板紧固在车床上，用小刀架调整切深。

（3）车台阶操作要领

1）车台阶应使用偏刀。

2）车低台阶（<5 mm）时，应使车刀主切削刃垂直于工件轴线，台阶可一次车出。

3）车高台阶（>5 mm）时，应使车刀主切削刃与工件轴线约成 95°，分层进行车削，最后一次纵向走刀后，车刀横向退出，车出 90°台阶。

4）为使台阶长度符合要求，可用钢直尺直接在工件确定台阶位置，并用刀尖刻出线痕，以此作为加工界限，但这种方法不够准确，为此，划线痕应留出一定的余量。

6. 质量检验与控制

零件加工完后，用量具测量其尺寸，如尺寸精度未达到零件图的要求，应分析其原因。

7. 评价

从工艺的合理性、零件的加工质量、工作态度、安全意识、环境保护意识、创新意识等方面进行评价。

8. 思考与练习

1）反思此零件的工艺、所用工装和设备的合理性，提出改进意见。

2) 总结零件车削的工作流程。

3) 总结车削加工的安全生产和环境保护的主要内容。

4) 分析以下质量问题产生的原因：

①尺寸超差。

②表面粗糙度超差。

5) 进行阶梯轴车削练习。

2.1.3　车削加工拓展训练

1. 任务和要求

通过完成如图 2-2 所示锤柄零件的加工操作，掌握普通外三角螺纹、外圆锥、外球面的车削方法及步骤。

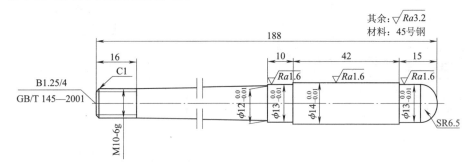

图 2-2　锤柄工件零件图（CAD 图）

2. 零件图样及加工工艺分析

（1）零件图样分析

从图 2-2 可以看出，此零件的加工有阶梯轴、外圆锥面、外球面加一螺纹，外圆尺寸有公差要求，表面粗糙度要求比较高，应进行锉修抛光处理。左端留有中心孔，右端不留中心孔，应选择合适的加工余量。

（2）加工工艺分析

1）毛坯的确定。

锤柄的最大外径尺寸为 $\phi14$，因此选择 $\phi15$ 的 45 号钢圆棒料即可，长度留 7 mm 的加工余量，因此毛坯的下料尺寸为 $\phi15 \times 195$ mm。

2）装夹选择。

零件为细长轴，为了加工方便和减小误差，先用三爪卡盘装夹，车端面、钻中心孔后，再采用一端夹一端顶尖支撑装夹工件进行车削加工。

3）量具选择。

轴向加工时需要测量长度，确定切刀位置要用钢直尺和游标卡尺；直径尺寸测量用游标卡尺；圆锥面的测量选用游标万能角度尺；螺纹的测量选用 M10-6g 螺纹环规。

4）选择刀具。

端面和倒角加工选用 45°车刀，阶梯加工和圆锥面加工选用 90°外圆车刀，球面加工选用球面车刀，螺纹的加工采用三角形外螺纹车刀。

5）确定切削用量。

切削用量的具体数值应根据机床的性能、刀具材料、工具材料、加工性质等，查阅相关的手册并结合实际经验确定，详见工序卡。

3. 填写工艺文件

根据零件图样分析和工艺分析的结果，填写机械加工工艺过程卡和工序卡。机械加工工艺过程卡见表 2-3，车削加工工序卡见表 2-4。

表 2-3　机械加工工艺过程卡

机械加工工艺过程卡			产品名称	零件名称		零件图号
						图 2-2
材料名称及牌号	45 号钢	毛坯种类或材料规格	ϕ15 圆棒料			总工时
工序号	工序名称	工序简要内容	设备名称及型号	夹具	量具	工时
10	下料	下料 ϕ15×195	带锯床		钢皮尺	
20	车	按图加工到尺寸	C6132	三爪卡盘	游标卡尺、万能角度尺	
30	钳	去毛刺、锐边倒钝	钳工台	虎钳		
40	检验	检验入库			游标卡尺、万能角度尺	

表 2-4　车削加工工序卡

车削加工工序卡								
零件名称	销轴		零件图号	图 2-2		夹具名称	三爪卡盘	
设备名称及型号			C6132					
材料名称及牌号	45 号钢		工序名称	车		工序号	20	
工步号	工步内容	切削用量			刀具		量具	
		f	n	a_{p}	编号	名称	编号	名称
10	夹持毛坯外圆伸出 50 mm，找正夹紧							钢皮尺
20	车端面见光	0.1	560	1		45°偏刀		
30	钻中心孔		560			中心钻		
40	掉头夹持毛坯外圆伸出 50 mm，找正夹紧							钢皮尺

（续）

工步号	工步内容	切削用量			刀具		量具	
		f	n	a_p	编号	名称	编号	名称
50	车端面见光	0.1	560	1		45°偏刀		
60	钻中心孔					中心钻		
70	夹一端，伸出 100 mm，伸出端顶撑							钢皮尺
80	车 $\phi 14 \times 74$ mm 车 $\phi 13_{-0.01}^{0} \times 21$ mm	0.1	560	1		90°外圆车刀		游标卡尺
90	掉头夹 $\phi 13_{-0.01}^{0}$，伸出端顶撑							
100	车 $\phi 13_{-0.01}^{0}$ 至要求，保证长度 42 mm	0.1	560	1		90°外圆车刀		游标卡尺
110	车 $\phi 12_{-0.01}^{0}$，保证长度 10 mm	0.2	560	1		90°外圆车刀		游标卡尺
120	车 M10 大径至 $\phi 10_{-0.20}^{-0.10}$，保证长度 16 mm	0.1	560	1		90°外圆车刀		游标卡尺
125	倒角 $1 \times 45°$	0.1	560	1		45°偏刀		
130	小拖板转角度 33′，车圆锥面	0.1	560	1		90°外圆车刀		万能角度尺
140	车螺纹 M10-6g	0.05	560	1		螺纹车刀		螺纹环规
150	锉修、抛光至要求					细齿锉刀、砂布		
160	掉头夹 $\phi 14$ 处（垫铜片保护），伸长 25 mm							钢皮尺
170	去中心孔，车 SR6.5 至要求，保证长度 15	0.05	560	1		球面车刀		
180	锉修、抛光至要求					细齿锉刀、砂布		
190	检验							游标卡尺、游标万能角度尺、M10-6g 螺纹环规

4. 工作准备

（1）领取工、量、夹、辅具及毛坯

本例零件的加工需要领用卡盘扳手、刀架扳手、钢皮尺、游标卡尺、万能角度尺、螺纹环规、相应刀具及刀片、毛坯、鸡心夹头、活顶尖、死顶尖、

B1.25/4 中心钻、刀具安装垫片。

（2）开机并预热机床

开机，以 300 r/min 的转速启动主轴，预热机床。

（3）检查毛坯

1）检查毛坯的形状和表面质量：检查各面之间是否基本平行，垂直、表面是否有无法通过车削加工的凹陷、硬点等。

2）检验加工余量：用钢直尺和游标卡尺检查毛坯的尺寸，以检验毛坯是否有足够的加工余量。

（4）安装车刀

在四方刀架上安装好 45°偏刀，90°外圆车刀、车断刀。在装夹刀具时应注意以下几点：

1）车刀刀尖应与车床的主轴轴线等高，可根据尾座顶尖的高度来进行调整。

2）车刀刀杆应与车床主轴轴线垂直。

3）车刀伸出长度应尽可能短些，一般伸出长度不超过刀杆厚度的 1.5 倍。若伸出太长，刀杆刚性减弱，切削时容易产生振动。

4）刀杆下面的垫片应平整，且数量不宜太多。

5）车刀位置装正后，应拧紧刀架螺钉以压紧刀具，一般用两个螺钉，并交替拧紧。

（5）装夹工件

用三爪卡盘夹持毛坯外圆，毛坯伸出卡爪 50 mm，找正夹紧。

5. 车外螺纹操作步骤

1）开车，使车刀与工件轻微接触，记下刻度盘读数，向右退出车刀。

2）合上开合螺母，在工件表面上车出一条螺旋线，横向退出车刀，停车。

圆锥的加工

3）开反车使车刀退到工件右端后停车，用钢尺检查螺距是否正确。

4）利用刻度盘调整切深，开车进行车削。

5）车刀将至行程终了时，应做好退刀停车准备，先快速退出车刀，然后停车，开反车退回刀架。

外螺纹的加工

6）再次横向进切深。继续车削，直至加工完毕。

6. 操作要领及注意事项

1）边车边停车用量具测量，同时利用刻度盘控制好尺寸。

2）重点检测各部位手柄是否放在正确的位置上。利用丝杠带动溜板箱移动，启用倒顺车法或启开合螺母法。利用中拖把刻度盘分多次进刀以低速车螺纹。

3）由于螺纹牙型是经过多次走刀形成的，一般每次走刀都是采用一侧刀刃进行切削的，这种方法适用于较大螺纹的粗加工。

4）有时为了保证螺纹两侧都同样光洁，可采用左右切削法，采用此法时可利用小刀架先做左或右的少量进给。

5）在车削加工工件的螺距与丝杠螺距不是整数倍时，为保证每次走刀时刀尖都正确落在前次车削好的螺纹槽内，不能在车削过程中提起开合螺母，而应采用反车退刀的方法。

7. 质量检验与控制

零件加工完后，用量具测量其尺寸，如尺寸精度未达到零件图的要求，应分析其原因。

8. 评价

从工艺的合理性、零件的加工质量、工作态度、安全意识、环境保护意识、创新意识等方面进行评价。

9. 思考与练习

1）反思此零件的工艺、所用工装和设备的合理性，提出改进意见。

2）表面粗糙度如何测量？

3）圆锥面的加工方法还有哪些？

4）球面的加工方法有哪些？

5）分析以下质量问题产生的原因：

①车螺纹乱扣。

②尺寸精度超差。

③形位公差超差。

④表面粗糙度超差。

6）进行螺纹轴车削练习。

2.2 铣削加工训练

■2.2.1 铣削加工安全操作规程

1. 开机前应当遵守的操作规程

1）穿戴好劳保用品，不要戴手套操作机床。

2）检查铣床的各手轮、摇把是否处于规定的位置。

3）检查各移动部件的限位开关是否起作用，在行程范围内是否畅通，是否有阻碍物，是否能保证机床在任何时候都具有良好的安全状况。

4）操作者必须详细阅读机床的使用说明书，熟悉机床一般性能、结构，严禁超性能使用。在未熟悉机床操作前，切勿随意动机床，以免发生安全事故。

5）操作前必须熟知每个按钮的作用以及操作注意事项。注意机床各个部位警示牌上所警示的内容。机床周围的工具要摆放整齐，要便于拿放，加工前必须关上机床的防护门。

2. 在加工操作中应当遵守的操作规程

1）检查油路是否畅通，将各注油孔注油，空转试车 2 min 以上，查看油窗等各部位，并听声音是否正常，往机床各滑动部分注润滑油。

2）检查安装在铣床上的夹具及工件是否装夹牢固，以免在铣削过程中发生松脱造成事故。

3）安装铣刀时应使用布衬垫，防止手被刀具划伤。

4）在开始铣削时，铣刀必须缓慢地向工件进给，不可有冲击现象。

5）铣削过程中，随时用毛刷清除床面上的切屑，不准用手抓、嘴吹，清除铣刀上的切屑时应在铣刀停转后进行。

6）自动进给时必须注意手轮位置，以免旋转伤人。使用快速进给时要注意工作台惯性，应留有距离，防止冲撞工件造成刀具崩裂或工件飞出伤人。

7）刀具磨损后，应及时刃磨或更换，停车时先退刀，当刀具未全部离开工件时，切勿停车。

8）调整机床速度、换刀、校正工件或测量尺寸时必须先停车，操作者离开机床前也应停止机床。

9）机床出现不正常现象时，应立即停车，保护好现场并通知维修人员进行维修。

10）高速铣削或冲注切削液时，应加挡板，以防止切屑飞出伤人或切削液外溢。

11）只允许单人操作机床，严禁两人同时操作机床。

3. 工作结束后应当遵守的操作规程

1）做好机床清扫工作，保持清洁，填好工作记录。发现问题要及时反映。

2）要打扫干净工作场地，擦拭干净机床，应注意保持机床及控制设备的清洁。清洁机床时，应在主轴锥孔中插入无刀刀柄，防止灰尘飞入。工作台和防护间的碎屑和灰尘，最好用一些除尘装置来清理，但严禁使用易燃、有毒或有污染的设备；严禁使用压缩空气吹扫设备表面，严禁用冷却水冲洗机床，否则会降低机床寿命，甚至损害机床。对电机等电气件要经常打扫积尘，以免妨碍通风。

3）工作完毕后，应使机床各部处于原始状态，并切断系统电源才能离开。

4）妥善保管机床附件，保持机床整洁、完好。

▍2.2.2　铣削加工基本训练

1. 任务和要求

通过完成如图 2-3 所示零件的加工操作，学习六面体铣削加工工艺，学会刀具的安装及夹具、工件的装夹方法，掌握铣床的基本操作。

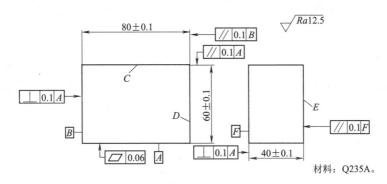

图 2-3　六面体铣削零件图（CAD 图）

2. 零件图样及加工工艺分析

（1）零件图样分析

从图 2-3 中可以看出，此零件为一个长方体，六个面均需加工。此零件的加工属于平面铣削加工。

该零件材料为 Q235A，属于屈服钢，切削加工性能较好。

该零件尺寸精度要求不太高，使用普通铣床加工就能保证，六个面之间有形位公差要求，需要注意工艺方案的制定。零件的表面粗糙度为 $Ra12.5$，铣削加工能达到要求。

（2）加工工艺分析

1）毛坯的确定。

从图 2-3 中可以看出此零件的最终尺寸为 80 mm×60 mm×40 mm，因此，可以使用 85 mm×65 mm×45 mm 的毛坯，用锯床下料。

装夹工件

2）装夹选择。

由于毛坯是长方体，宜采用机用平口钳装夹。

3）加工路线。

加工路线为：铣 A 面→铣 F 面→铣 E 面→铣 C 面→铣 B 面→铣 D 面。

4）选择刀具。

选用 $\phi50$ 面铣刀加工零件表面。

5）确定切削用量。

切削用量的具体数值应根据机床的性能、刀具材料、工具材料、加工性质，查阅相关的手册并结合实际经验确定，详见工序卡。

主轴速度调节　　　　手动进给　　　　　自动进给

3. 填写工艺文件

根据零件图样分析和工艺分析的结果，填写机械加工工艺过程卡和工序卡。机械加工工艺过程卡见表 2-5，机械加工工序卡见表 2-6。

快速按钮

表 2-5　机械加工工艺过程卡

机械加工工艺过程卡		产品名称	零件名称	零件图号	
				图 2-3	
材料名称及牌号 Q235A	毛坯种类或材料规格		板材	总工时	
工序号	工序名称	工序简要内容	设备名称及型号	夹具	量具	工时
10	下料	下料 $\phi100\times30$	带锯床		钢皮尺	
20	铣	按图加工到尺寸	X6132	机用平口钳	游标卡尺	
30	钳	去毛刺、锐边倒钝	钳工台	虎钳		
40	检验	检验入库			游标卡尺、万能角度尺	

表 2-6　机械加工工序卡

数控加工工序卡

零件名称	六面体	零件图号		图 2-3	夹具名称		机用平口钳	
设备名称及型号				X6132				
材料名称及牌号		Q235A	工序名称		铣工	工序号		20
工步号	工步内容	切削用量			刀具		量具	
		f_z	n	a_p	编号	名称	编号	名称
10	装夹工件，铣削表面露出钳口 5 mm 以上							钢皮尺

（续）

工步号	工步内容	切削用量			刀具		量具	
		f_z	n	a_p	编号	名称	编号	名称
20	铣削 A 面，保证平面度要求	0.1	300	1～2		ϕ50 面铣刀		刀口角尺
30	以 A 面为定位基准铣削 E 面	0.1	300	1～2		ϕ50 面铣刀		角尺
40	以 A 和 E 面为定位基准，铣削 F 面至尺寸	0.1	300	1～2		ϕ50 面铣刀		游标卡尺
50	以 E 和 A 面为定位基准，铣削 C 面至尺寸，并保证平行度要求	0.1	300	1～2		ϕ50 面铣刀		游标卡尺
60	以 A 面为定位基准，用角尺找正铣削 D 面，保证垂直度要求	0.1	300	1～2		ϕ50 面铣刀		角尺、万能角度尺
70	以 A 和 D 面为定位基准，铣削 B 面至尺寸	0.1	300	1～2		ϕ50 面铣刀		游标卡尺

4. 工作准备

（1）领取工、量、夹、辅具及毛坯

本例零件的加工需要领用机用平口钳、活动扳手、角尺、万能角度尺、杠杆百分表及磁性表架、钢皮尺、游标卡尺、相应刀具及刀片、毛坯。

对刀

（2）开机并预热机床

开机，以 300 r/min 的转速启动主轴，预热机床。

（3）检查毛坯

1）检查毛坯的形状和表面质量：检查各面之间是否基本平行、垂直、表面是否有无法通过铣削加工的凹陷、硬点等。

2）检验加工余量：用钢直尺检查毛坯的尺寸，以检验毛坯是否有足够的加工余量。对于粗糙不平的表面应多铣些，较平整的平面应少铣些。

铣削工件

（4）找正机用平口钳

用杠杆表分表找正机用平口钳的固定钳口与工作台的纵向平行。

（5）安装铣刀

安装铣刀是铣削工件前必需的准备工作。铣刀安装不正确，往往给铣削加工带来困难，从而影响铣削质量和铣刀的使用寿命。

1）直柄立铣刀的安装。

这类铣刀多为小直径铣刀，一般不超过 $\phi 20$，多用弹簧夹头进行安装，安装时，将铣刀的刀柄插入弹簧套的孔中，拧紧弹簧夹头上的螺母，使弹簧作径向收缩而将铣刀的刀柄加紧。

2）锥柄铣刀的安装。

当铣刀刀柄尺寸与主轴端部锥孔相同时，可直接装入锥孔，并用拉钉拉紧。若铣刀锥柄尺寸与主轴端部锥孔不同时，可根据铣刀刀柄的大小，选择合适的过渡锥套，并将各配合表面擦干净，最后用拉杆把铣刀及过渡锥套一起拉紧在主轴上。

（6）装夹工件

工件下面垫平行垫铁，其高度使工件上表面高于钳口 5 mm 以上。工件加紧后，用木槌轻轻敲击工件，并拉动垫铁检查工件下平面是否与垫铁贴合。

5. 操作要领

（1）对刀方法

1）在待加工表面抹一层红丹粉或一张纸。

2）启动主轴，调整工作台，使铣刀处于工件上方，横向调整位置，使工件处于对称铣削或不对称逆铣的位置。

3）缓慢移动工件，使工件接近旋转的刀具。

4）当所抹的红丹粉被轻轻划去，表明铣刀已接触工件表面了，此时应记住手柄刻度盘上的读数。

（2）工件装夹要领

1）用机用平口钳加紧工件时，工件要放置在钳口的中间位置，使钳口均匀受力，不应放在机用平口钳的某一端。必须将零件的基准面紧贴机用平口钳的固定钳口或机用平口钳导轨上的表面，尽量用固定钳口承受铣削力。

2）工件在机用平口钳上装夹后，铣去的余量层应高于钳口，高出的尺寸以铣刀铣不到钳口为宜。

3）在本例铣削 E 面时，以 A 面为定位基准，在 A 面的对面 C 面与活动钳口之间安装一小圆棒，使夹紧后 A 面与固定钳口贴合紧密，然后铣 E 面至要求。若不使用圆棒装夹工件，可能会因夹紧面与基面 A 不平行等因素，致使工件基准面不能与固定钳口定位面完全贴合。

6. 质量检验与控制

零件加工完后，用量具测量其尺寸，如尺寸精度未达到零件图的要求，应分析其原因。

7. 评价

从工艺的合理性、零件的加工质量、工作态度、安全意识、环境保护意识、创新意识等方面进行评价。

8. 思考与练习

1）反思此零件的工艺、所用工装和设备的合理性，提出改进意见。

2）总结零件铣削的工作流程。

3）总结铣削加工的安全生产和环境保护的主要内容。

4）分析以下质量问题产生的原因：

①平面度超差。

②平行度超差。

③垂直度超差。

④尺寸超差。

⑤表面粗糙度超差。

5）进行六面体铣削练习。

2.2.3　铣削加工拓展训练

1. 任务和要求

通过完成如图 2-4 所示零件的加工操作，掌握台阶零件和沟槽的加工方法。

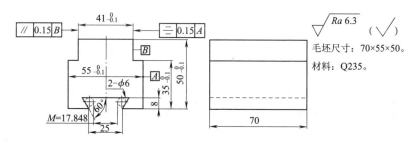

图 2-4　台阶工件零件图（CAD 图）

2. 零件图样及加工工艺分析

（1）零件图样分析

从图 2-4 中可以看出，此零件为台阶型工件，底部带有燕尾槽。在半成品上铣出 35 mm×41 mm 的台阶，然后铣出燕尾槽。此零件的加工属于台阶铣削和沟槽铣削加工。

该零件材料 Q235A，属于屈服钢，切削加工性能较好。

该零件尺寸精度要求不太高，台阶与外形尺寸 55 mm 中心线的对称度误差为 0.15 mm；台阶两侧面的平行度误差也为 0.15 mm；燕尾槽最小宽度 25 mm，深度 8 mm，标准圆棒直径为 6 mm，测量尺寸 17.848 mm，燕尾槽槽型角为 60°，使用普通铣床加工就能保证，零件的表面粗糙度为 Ra6.3，铣削加工能达到要求。

（2）加工工艺分析

1）毛坯的确定。

从图 2-4 中可以看出，此零件所用的毛坯为半成品，各个尺寸在上道工序中已加工到位。

2）装夹选择。

铣台阶时毛坯是长方体，宜采用机用平口钳装夹；铣燕尾槽用虎钳装夹。

3）选择刀具。

根据图 2-4 给定的台阶的宽度和深度尺寸，选用外径 $D=80$ mm、内径 $d=27$ mm、厚度为 8 mm、齿数为 16 的直齿三面刃铣刀；根据燕尾槽的宽度、深角和槽角，先选用外径为 25 mm 的立铣刀铣直槽，然后选用外径为 25 mm、角度为 60°的直柄燕尾槽铣刀加工燕尾槽。

4）选择机床。

加工台阶可选用 X6132 型卧式升降台铣床，加工燕尾槽可选用 X5032 型立式升降台铣床。

5）确定切削用量。

切削用量的具体数值应根据机床的性能、刀具材料、工具材料、加工性质，查阅相关的手册并结合实际经验确定，铣台阶选用铣削速度 $v_c=19$ m/min，铣床主轴转速为 $n=75$ r/min，$v_f=47.5$ mm/min；燕尾槽铣刀刀齿较密，刀尖强度弱，刀具刚度较差，应选用较小的铣削用量，调整转速 $n=190$ r/min，详见工序卡。

3. 填写工艺文件

根据零件图样分析和工艺分析的结果，填写机械加工工艺过程卡和工序卡。机械加工工艺过程卡见表 2-7，机械加工工序卡见表 2-8。

表 2-7　机械加工工艺过程卡

机械加工工艺过程卡		产品名称	零件名称	零件图号	
				图 2-4	
材料名称及牌号	Q235A　毛坯种类或材料规格	半成品 70 mm×55 mm×50 mm		总工时	
工序号	工序名称	工序简要内容	设备名称及型号	夹具	量具	工时
20	铣	按图加工到尺寸	X6132、X5032	机用平口钳、虎钳	游标卡尺、$\phi6$ 标准量棒、百分表	
30	钳	去毛刺、锐边倒钝		钳工台	虎钳	
40	检验	检验入库			游标卡尺、内径千分尺、$\phi6$ mm 标准量棒、万能角度尺、百分表	

表 2-8　机械加工工序卡

数控加工工序卡							
零件名称	台阶工件	零件图号	图 2-4		夹具名称		机用平口钳
设备名称及型号		X6132、X5032					
材料名称及牌号	Q235A	工序名称		铣	工序号		20
工步号	工步内容	切削用量			刀具		量具
		v_f	n	a_p	编号	名称	编号	名称
10	装夹工件，铣削表面露出钳口							游标卡尺
20	粗铣削 A 面，宽度尺寸为 49 mm，深度尺寸为 14.5 mm。	47.5	75			$\phi50$ 面铣刀		游标卡尺
30	精铣削 A 面，保证尺寸	47.5	75			$\phi50$ 面铣刀		游标卡尺
40	粗精铣另一台阶面到尺寸	47.5	75			$\phi50$ 面铣刀		游标卡尺
50	重新装夹工件，铣削表面露出钳口							
60	铣直槽	30.5	100			$\phi25$ 立铣刀		游标卡尺
70	粗铣燕尾槽	23.5	190			$\phi25$ 槽铣刀		$\phi6$ mm 标准量棒、千分尺
80	精铣燕尾槽	23.5	190			$\phi25$ 槽铣刀		$\phi6$ mm 标准量棒、千分尺

4. 工作准备

（1）领取工、量、夹、辅具及毛坯

本例零件的加工需要领用机用平口钳、虎钳、活动扳手、杠杆百分表及磁性表架、钢皮尺、游标卡尺、内径千分尺、游标万能角度尺、$\phi6$ 标准量棒、相应刀具及刀片、毛坯。

（2）开机并预热机床

开机，以 300 r/min 的转速启动主轴，预热机床。

（3）检查毛坯

检查毛坯尺寸及各表面之间的平行度、垂直度、表面粗糙度等。

（4）找正机用平口钳和机用虎钳

用杠杆百分表找正机用平口钳的固定钳口，注意固定钳口应处于与铣床主轴轴线相垂直；用杠杆百分表找正机用虎钳，注意固定钳口与工作台纵向平行。

（5）安装铣刀

将三面刃铣刀安装在 $\phi27$ 的长刀杆中间位置后紧固紧刀螺母。

（6）装夹工件

铣台阶时将工件的基准侧面靠向固定钳口，工件的底面靠向钳体导轨面，铣削的台阶底面应高于钳口，以免在铣削中铣刀铣到钳口；铣燕尾槽时工件下面垫长度大于 70 mm，宽度小于 50 mm 的垫铁，其高度使工件上平面高于钳口。

5．操作要领

铣台阶操作要领：

1）工件装夹校正后，手摇各进给手柄，使工件处于铣刀下方。开动机床，使铣刀的圆柱面刀刃擦着工件上表面的贴纸，在刻度盘上做记号。停车后下降工作台，纵向退出工件，然后上升垂向工作台，较垂向刻度盘上的记号身高 14.5 mm，留 0.5 mm 精铣余量。

2）开动机床，移动横向工作台，使旋转的铣刀侧面刃擦着台阶侧面的贴纸，在横向刻度盘上做记号。然后退出工件，使工件按切削余量横向移动 6 mm，并紧固横向工作台，留 1 mm 精铣余量。

3）粗铣台阶 A 面。开动机床，纵向机动进给，粗铣台阶面。用游标卡尺测量工件的一侧面至铣出台阶的实际尺寸为 49 mm，用深度游标卡尺测量深度为 14.5 mm。

4）精铣台阶 A 面。根据实测尺寸与对称度的要求，横向移动工作台约 1 mm 后紧固，垂向工作台升高约 0.5 mm，精铣 A 面。铣完后，实测工件尺寸要符合图纸要求。

5）粗精铣另一台阶面。采用同样的方法粗精铣另一台阶面到尺寸。

铣燕尾槽操作要领：

1）铣直槽。将工件用机用虎钳装夹好后，根据划线对刀，并铣削加工直槽，直槽的深度为 7.8 mm，留 0.2 mm 的精铣余量。铣完后，换上燕尾槽铣刀。

2）对刀。开动机床，目测燕尾槽铣刀与直槽中心大致以对准，上升垂向工作台，使工件直槽底与铣刀端齿相接触，垂向工作台上升 0.2 mm，然后缓慢摇动纵向工作台，使直槽刚好切到工件。停车，退出工件，测量槽深尺寸为 8 mm。

3）铣燕尾槽一侧。移动横向工作台，其移动量为 $8\times\cot60°=4.618$ mm，先分别以 2.5 mm 和 1.6 mm 的进给量两次移动横向工作台，纵向机动进给，采用逆铣方式粗铣一侧燕尾。铣毕，放入 $\phi6$ 的标准测量棒，测量工件侧面至量棒间的距离，根据实测尺寸调整横向工作台进给量后精铣。

4）铣燕尾槽另一侧。移动横向工作台，使铣刀刀尖与另一侧槽相接触后，退出工件。然后按上述相同铣削过程，完成分粗、精铣全部加工，并符合图纸要求。

6．质量检验与控制

零件加工完后，用量具测量其尺寸，如尺寸精度未达到零件图的要求，应分析其原因。

7．评价

从工艺的合理性、零件的加工质量、工作态度、安全意识、环境保护意识、创新意识等方面进行评价。

8．思考与练习

1）反思此零件的工艺、所用工装和设备的合理性，提出改进意见。

2）对称度如何测量？

3）燕尾槽槽口宽度如何测量？

4）分析以下质量问题产生的原因：

①台阶对称度超差。

②台阶平行度超差。

③台阶宽度尺寸超差。

④燕尾槽宽度尺寸超差。

⑤燕尾槽形角超差。

⑥燕尾槽与工件侧面不平行。

⑦表面粗糙度超差。

5）进行台阶和槽的铣削练习。

第 3 章

钳工与装配训练

3.1 钳 工 训 练

■ 3.1.1 钳工安全操作规程

1）进入车间实习时，要穿好工作服，大袖口要扎紧，衬衫要系入裤内。女同学要戴安全帽，并将发辫纳入帽内。不得穿凉鞋、拖鞋、高跟鞋、背心、裙子和戴围巾进入车间。

2）严禁在车间内追逐、打闹、喧哗、阅读与实习无关的书刊、背诵外语单词、收听广播和玩手机等。

3）应在指定的机床（工具）上进行实习。未经允许，其他机床、工具或电器开关等均不得乱动。

4）必须正确夹持工件并夹紧。要爱护虎钳，不准乱敲乱打。夹持小而薄的工件时，要当心夹痛手指。

5）带木把的工具必须装牢，有松动的不许使用。

6）钳工工具使用时要注意放置地方及方位，以防伤害他人。

7）手锯锯割工件时，要正确装夹锯条，用力要均匀，并尽量让所有锯齿均工作。工件快断时，用力要小，动作要慢。

8）锉削时，工件表面要高于钳口面。不能用钳口面作基准面来加工工件，防止损坏锉刀和虎钳。不许用嘴吹锉屑，用手擦拭锉刀和工件表面，以免锉屑吹入眼中，锉刀打滑等。

9）在钳工台上錾削时要注意观察旁边人员，防止铁屑伤人。

10）使用钻床和砂轮机，须征得指导师傅的同意，并遵守钻床安全操作规程和砂轮机安全操作规程。

11）攻丝和铰孔时，用力要适当，以免损坏丝锥和铰刀。加工时要加注适当的机油，减小切削阻力，降低工件的表面粗糙度，提高加工质量。

12）装配前，做好准备工作，清洗好零件。装配时，零、部件应轻拿轻放，要扶好、托稳、夹牢工件。可以用木槌或紫铜棒敲击非工作面，严禁敲击配合面及其他工作面。

13）使用扳手和起子等工具时，用力不能过猛，以免打滑，造成事故。

14）使用带电工具时应首先检查是否漏电，工具完好且正常才能使用，使用时至少有两人在场。

15）做到文明实习，工作完后，及时关闭电源，清点整理工具、量具。钳台上下、地面保持整齐清洁。及时保养工具、量具。

锯削基础

锉削基础

基准面处理

3.1.2　钳工基本训练

（一）基本训练项目——锤头的制作

1. 任务和要求

通过完成如图 3-1 所示锤头的钳工加工操作，掌握钳工基本技能。

样冲操作

2. 锤子的加工工艺过程

锤头的制作过程见表 3-1。

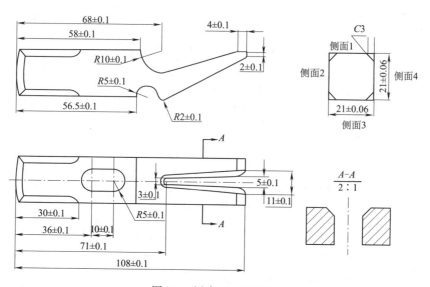

图 3-1　锤头（CAD 图）

表 3-1　锤头加工工艺过程

操作序列	加工内容	简　图
1. 下料	用 21 mm×21 mm×200 mm 的 45 号钢毛坯，锯 $L=110$ mm 长	21 110
2. 锉平端面	将一端面锉平，要求与相邻的平面垂直，用角尺检查	
3. 划线	在平台上，工件以纵向平面和锉平的端面定位，按图上尺寸划线，并打出样冲眼	68 ± 0.1　4 ± 0.1 58 ± 0.1 $R10\pm0.1$　2 ± 0.1 $R5\pm0.1$ 56.5 ± 0.1 36 ± 0.1　$R5\pm0.1$ 10 ± 0.1　108 ± 0.1
4. 锯斜面	将工件夹在虎钳上，按所划的斜面线，留 1 mm 左右余量，锯下多余部分	
5. 锉斜面	锉平斜面，在斜面与平面交接处用 $R8$ 圆锉锉出过渡圆弧，斜面端部至末端总长尺寸为 108 mm	68 ± 0.1　4 ± 0.1 2 ± 0.1 66.5 ± 0.1
6. 锯圆弧	按所划的圆弧线，采用锯削方法，快速去除大部分余量，注意保证 1 mm 左右的加工余量	
7. 锉圆弧	分别用 $R10$、$R5$、$R2$ 的圆锉锉出圆弧，加工过程中使用 R 规检查	68 ± 0.1 58 ± 0.1 $R10\pm0.1$ $R5\pm0.1$ 56.5 ± 0.1　2
8. 锯叉口	根据所划的叉口加工线，进行锯削，注意保证加工余量	

（续）

操作序列	加工内容	简　图
9. 锉叉口	首先使用中小型锉，粗加工叉口的侧面及倒角。再用整形锉精加工侧面、过渡圆弧及倒角	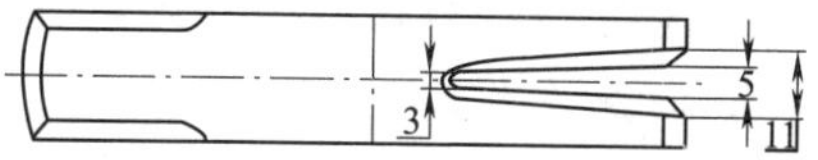
10. 倒角	锉 3×45°倒角，倒角交接处用 R3 圆锉锉出过渡圆弧	 30±0.1
11. 加工球曲面	用外圆曲面加工的方法加工球曲面	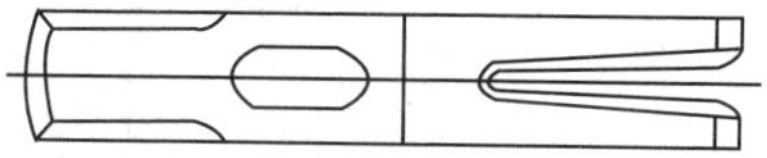
12. 钻孔	按划线的两中心钻孔 φ10，用圆锉锉通，用小平锉锉平	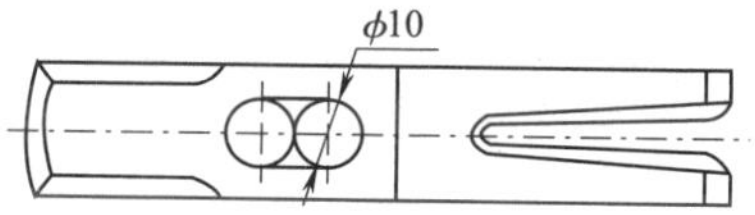 φ10
13. 锉长形孔	用小圆锉休整长形孔	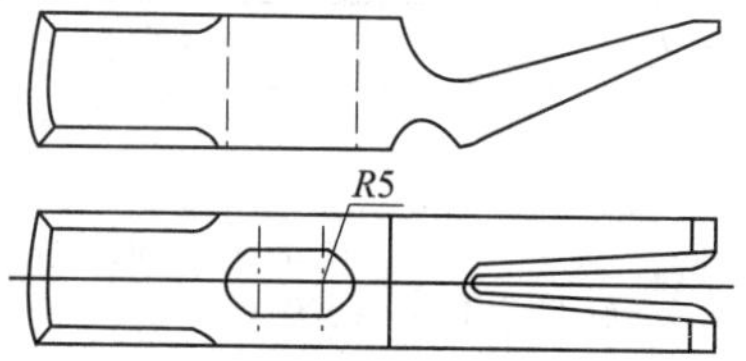 R5
14. 检测	用游标卡尺、R 规、直角尺等量具量规检测各个尺寸是否符合精度要求	
15. 抛光	用砂布和砂纸抛光	

　3. 工作准备

　1）领取工、量、夹、辅具及毛坯。本例零件的加工需要领用钢皮尺、游标卡尺、毛坯、R 规、直角尺、砂纸及钳工工具。

　2）检查毛坯尺寸。

　4. 质量检验与控制

　零件加工完后，用量具测量其尺寸，如尺寸精度未达到零件图的要求，应分析其原因。

5. 评价

从工艺的合理性、零件的加工质量、工作态度、安全意识、环境保护意识、创新意识等方面进行评价。

(二) 基本训练项目——六角螺母的制作

1. 任务和要求

通过完成如图 3-2 所示六角螺母的钳工加工操作，掌握钳工基本技能。

2. 六角螺母的加工工艺过程

六角螺母的制作过程见表 3-2。

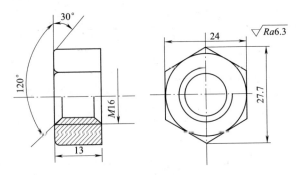

图 3-2　六角螺母的零件图

表 3-2　六角螺母加工工艺过程

操作序号	加工内容	简　图
1. 下料	用 φ30 的 45 号钢长棒料，锯下 15 mm 长的坯料	
2. 锉两平行面	锉两端平面至厚度 $H=13$ mm，要求平直且两面平行	
3. 划线	定出端面中心并划中心线，并按尺寸划出六边形边线和钻中心孔线，打出养冲眼	

（续）

操作序号	加工内容	简　图
4. 钻孔	用 φ14 的钻头钻孔，并用 φ20 的钻头对孔口倒角，用游标卡尺检查孔径	
5. 攻丝	用 M16 丝锥攻丝，用螺纹塞规检查	
6. 锉六面并倒角	先锉平一面，再锉平其相平行的对面，然后锉平其余四面并倒角。在此过程中，既可参照划的线，还可用 120°角尺检查相邻两平面的夹角，并用游标卡尺测量平面至孔的距离。六边形要对称，两对面要平行，用刀口尺检查平面度，用游标卡尺检查两对面的尺寸和平行度	

3. 工作准备

（1）领取工、量、夹、辅具及毛坯

本例零件的加工需要领用钢皮尺、游标卡尺、毛坯、R 规、直角尺、砂纸及钳工工具。

（2）检查毛坯尺寸

4. 质量检验与控制

零件加工完后，用量具测量其尺寸，如尺寸精度未达到零件图的要求，应分析其原因。

5. 评价

从工艺的合理性、零件的加工质量、工作态度、安全意识、环境保护意识、创新意识等方面进行评价。

3.2 装 配 训 练

装配是根据总装配图将合格零件按规定的技术要求装成合格产品的过程。它是机械制造过程中重要且最后的一个阶段，产品的质量必须由装配最终保证。

■ 3.2.1　装配的技术准备工作

1）熟悉机械设备及各部件总成装配图和有关技术文件。了解机械设备及零、部件的结构特点和作用；了解各零、部件的相互联接关系及其联接方式。对于那些有配合要求、运动精度较高或有其他特殊技术条件的零、部件，尤应引起高度重视。

2）根据零、部件的结构特点和技术要求，确定合适的装配工艺、方法和程序。准备好必备的工量具、夹具及材料。

3）按清单检测各备装零件的尺寸精度与制造或修复质量，核查技术要求，凡有不合格者一律不得装配。对于螺柱、键及销等标准件，只要稍有损伤，就应予以更换，不得勉强留用。

4）零件装配前必须进行清洗。对于经过钻孔、铰削、镗削等机械加工的零件，要将金属屑末清除干净；润滑油道要用高压空气或高压油吹洗干净；有相对运动的配合表面要保持洁净，以免因脏物或尘粒等混入其间而加速配合件表面的磨损。

■ 3.2.2　装配的一般工艺原则

装配顺序应与拆卸顺序相反。要根据零、部件的结构特点，采用合适的工具或设备，严格按顺序装配，注意零、部件之间的方位和配合精度要求。

1）对于过渡配合和过盈配合零件的装配，如滚动轴承的内、外圈等，必须采用相应的铜棒、铜套等专门工具和工艺措施进行手工装配，或按技术条件借助设备进行加温加压装配。如遇有装配困难的情况，应先分析原因，排除故障，提出有效改进方法，再继续装配，千万不可乱敲乱打。

2）对油封件必须使用心棒压入；对配合表面要经过仔细检查和擦净，若有毛刺应经修整后方可装配；螺柱联接按规定的扭矩值分次均匀紧固；螺母紧固后，螺柱的露出螺牙不少于两个且应等高。

3）凡是摩擦表面，装配前均应涂上适量的润滑油，如轴颈、轴承、轴套、活塞、活塞销和缸壁等。各部件的密封垫（纸板、石棉、钢皮、软木垫等）应统一按规格制作。自行制做时，应细心加工，切勿让密封垫覆盖润滑油，水和空气的通道。机械设备中的各种密封管道和部件，装配后不得有渗漏现象。

4）过盈配合件装配时，应先涂润滑油脂，以利于装配和减少配合表面的初期磨损。另外，装配时应根据零件拆卸下来时所作的各种安装记号进行装配，以防装配出错而影响装配进度。

5）某些有装配技术要求的零、部件，如装配间隙、过盈量、灵活度、啮合印痕等，应边安装边检查，并随时进行调整，以避免装配后返工。

6）在装配前，要按要求对有平衡要求的旋转零件进行静平衡或动平衡试验，合格后才能装配。

7）每一个部件装配完毕，必须严格、仔细地检查和清理，防止有遗漏或错装的零件。严防将工具、多余零件及杂物留存在箱体之中。确信无疑之后，再进行手动或低速试运行，以防机械设备运转时引起意外事故。

▌3.2.3　典型零件的装配

锥齿轮轴组件的装配步骤如下：

1）根据装配图将零件编号，并且零件对号计件。

2）清洗、去除油污、灰尘和切屑。

3）修整、修锉锐角、毛刺。

4）制定锥齿轮组件的装配单元系统图。

①分析锥齿轮轴组件装配图（见图3-3）和装配顺序（见图3-4），并确定装配基准零件。

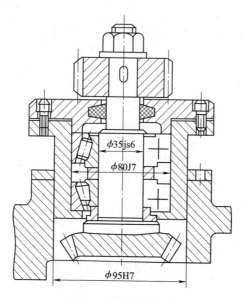

图 3-3　锥齿轮轴组件

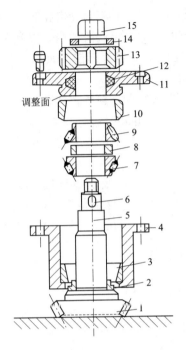

图 3-4　锥齿轮轴组件的装配顺序

②绘一条横线，如图 3-5 所示，表示装配基准（锥齿轮），在线的左端标上名称代号和件数。

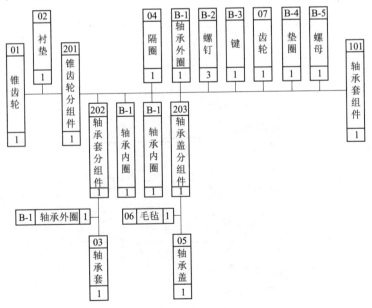

图 3-5　锥齿轮轴组件装配单元系统图

③按装配顺序，自左至右在横线上列出下列零件、组件的名称、代号、件数。

④至横线右端装毕，标上组件的名称、代号与件数于线的右端。

5）分组件组装。

如 B-1 轴承外圈与 03 轴承套装配成轴承套分组件。

6）组件组装。

以 01 锥齿轮为基准零件，将其他零件和分组件按一定的技术要求和顺序装配成锥齿轮轴组件。

7）检验。

①按装配单元系统图检查各装配组件和零件是否装配正确。

②按装配图的技术要求检验装配质量，如轴的转动灵活性、平稳性等。

8）入库。

第 4 章

先进制造技术训练

4.1 数控车削训练

4.1.1 数控车削安全操作规程

1. 开机前的操作规程

开机前，应当遵守以下操作规程：

1) 工作时，请穿好工作服及防护镜，不允许戴手套操作数控机床，也不允许扎领带。

2) 机床工作开始工作前，应检查数控机床各部件机构是否完好、各按钮是否能自动复位。操作者应按机床使用说明书的规定给相关部位加油，并检查油标、油量。

3) 不要在数控机床周围放置障碍物，工作空间应足够大。

4) 一般不允许两人同时操作机床，但某项工作如需要两个人或多人共同完成时，应注意将动作协调一致。

5) 了解和掌握数控机床控制和操作面板及其操作要领，将程序准确地输入系统，并模拟检查、试切，做好加工前的各项准备工作。

开关机操作

移动工作台

2. 加工中的操作规程

在加工操作中，应当遵守以下操作规程：

1）机床开机时应遵循先回零（有特殊要求除外）、手动、点动、自动的原则。禁止卡爪张开过大和空载运行。机床运行应遵循先低速、中速、再高速的原则，其中低速、中速运行时间不得少于 2～3 min。当确定无异常情况后，方可开始工作。

主轴转速的设置

主轴正反转控制

换刀操作

2）手动对刀时，应注意选择合适的进给速度。手动换刀时，刀架距工件要有足够的转位距离以免发生碰撞。

3）机床开始加工之前必须采用程序校验方式检查所用程序是否与被加工零件相符，正确地选用数控车削刀具，安装零件和刀具要保证准确牢固。待确认无误后，方可关好安全防护罩，开动机床进行零件加工。程序正常运行中严禁开启防护门。

4）禁止用手接触刀尖、铁屑、正在旋转的主轴、工件或其他运动部位。铁屑必须要用铁钩子或毛刷来清理。

5）禁止加工过程中测量、变速，更不能用棉丝擦拭工件、也不能清扫机床。

6）操作者在工作时更换刀具、工件、调整工件或离开机床时必须停机。

7）操作者严禁修改机床参数。必要时必须通知指导教师，请指导教师修改。不要移动或损坏安装在机床上的警告标牌。

8）车床运转中，操作者不得离开机床，不允许打开电气柜的门。机床发现异常现象按下"急停"按钮，以确保人身和设备的安全，并报告指导教师。

3. 工作结束后的操作规程

工作结束后，应当遵守以下操作规程：

1）操作者不得任意拆卸和移动机床上的保险和安全防护装置。

2）机床附件和量具、刀具应妥善保管，保持完整与良好，丢失或损坏照价赔偿。

3）实训完毕后应清扫机床，保持清洁，将尾座和拖板移至床尾位置，并依次关掉机床操作面板上的电源和总电源。

■ 4.1.2　数控车削基本训练

1. 任务和要求

通过完成如图 4-1 所示零件的加工操作，掌握数控车床对刀方法，基本编程格式，及 G02、G03 圆弧指令及切断刀的使用。

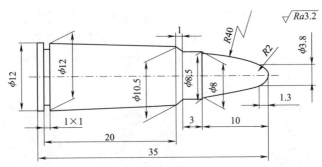

图 4-1　子弹模型加工零件图

2. 对刀

对刀是数控加工中的主要操作和重要技能。在一定条件下，对刀的精度可以决定零件的加工精度，同时，对刀效率还直接影响数控加工效率。（以 FANUC OiMate 数控系统为例）。

（1）程序原点（工件原点）的设置方式

在 FANUC 数控系统中，有以下几种设置程序原点的方式：

1）设置刀具偏移量补偿。

2）用 G50 设置刀具起点。

3）用 G54～G59 设置程序原点。

4）用"工件移"设置程序原点。

程序原点设置是对刀不可缺少的组成部分。每种设置方法有不同的编程使用方式、不同的应用条件和不同的工作效率。各种设置方式可以组合使用。这里只介绍第一种方式。

试切对刀并设置刀偏步骤如下：

1）用外圆车刀试车外圆，沿＋Z 轴退出并保持 X 坐标不变。

对刀操作

2）测量外圆直径，记为 $X\varphi$。

3）按"OFFSET SET"（偏移设置）键→进入"形状"补偿参数设定界面→将光标移到与刀位号相对应的位置后，输入 $X\varphi$，按"测量"键，系统自动计算出 X 方向刀具偏移量。注意：也可在对应位置处直接输入经计算或从显示屏得到的数值，按"输入"键设置。

4）用外圆车刀试车工件端面，沿＋X 轴退出并保持 Z 坐标不变。

5）按"OFFSET SET"键→进入"形状"补偿参数设定界面→将光标移到与刀位号相对应的位置后，输入 Z_0，按"测量"键，系统自动计算出 Z 方向刀具偏移量。同样也可以自行"输入"偏移量。

6）设置的刀具偏移量在数控程序中用 T 代码调用。

这种方式具有易懂、操作简单、编程与对刀可以完全分开进行等优点。同时，在各种组合设置方式中都会用到刀偏设置，因此在对刀中应用最为普遍。

（2）精确对刀

从理论上说，上述通过试切、测量、计算得到的对刀数据应是准确的，但实际上由于机床的定位精度、重复精度、操作方式等多种因素的影响，使得手动试切对刀精度是有限的，因此还须精确对刀。

所谓精确对刀，就是在零件加工余量范围内设计简单的自动试切程序，通过"自动试切→测量→误差补偿"的思路，反复修调偏移量、或基准刀的程序起点位置和非基准刀的力偏置，使程序加工指令值与实际测量值的误差达到精度要求。由于保证基准刀程序起点处于精确位置是得到准确的非基准刀刀偏置的前提，因此一般修正了前者后再修正后者。

精确对刀偏移量的修正公式为：

记：δ＝理论值（程序指令值）－实际值（测量值），则

$$x_{02}＝x_{01}＋\delta x(3)$$
$$Z_{02}＝Z_{01}－\delta Z$$

注意：δ 值有正负号。

例如：用指令试切一直径为 40、长度为 50 的圆柱，如果测得的直径和长度分别为 40.25 和 49.85，则该刀具在 X、Z 向的偏移坐标分别要加上－0.25 和－0.15，当然也可以保持原刀偏值不变，而将误差加到磨损栏。

3. 零件图样及加工工艺分析

（1）零件图样分析

从图 4-1 中可以看出，此零件外形为 $\phi12×35$ mm 的圆柱。正确使用 G02、G03 圆弧指令和切断刀的使用。

该零件没有精度要求，但考虑成品的表面光洁度，也需要进行粗精加工。而且在编程的时候要注意按中间尺寸编程，这样做是防止零件伸出过长切削时产生震纹。

（2）加工工艺分析

1）毛坯的确定。

从图 8-1 中可以看出此零件的最大长度为 35 mm，因此可以使用 $\phi15$ 的圆棒料，用锯床下料，毛坯尺寸为 $\phi15×60$ mm。

2）装夹选择。

采用三爪卡盘装夹毛坯，伸出 45 mm 左右。

3）加工路线。

加工路线为：车削子弹头→车削弹壳部分→切断（保证总长）。

4）选择刀具。

选用 80°外圆车刀加工零件外圆面，选用 1 mm 切槽刀切 1 mm×1 mm

槽。选用 3 mm 切断刀切断工件。

5）确定切削用量。

切削用量的具体数值应根据机床的性能、刀具材料、工具材料、加工性质，查阅相关的手册并结合实际经验确定，详见工序卡。

6）确定工件坐标系。

工件坐标系原点设置在毛坯右端面圆心。

4. 填写工艺文件

根据零件图样分析和工艺分析的结果，填写机械加工工艺过程卡和工序卡（见表 4-1、表 4-2）。

表 4-1　机械加工工艺过程卡

机械加工工艺过程卡			产品名称	零件名称	零件图号
					图 4-1
材料名称及牌号	45 号钢	毛坯种类或材料规格	圆棒料 φ15×60		总工时
工序号	工序名称	工序简要内容	设备名称及型号	夹具	量具	工时
10	下料	下料 φ15×60			钢皮尺	
20	数控车	按图加工到尺寸	平床身数控车 CAK3665	三爪卡盘	游标卡尺	
30	钳	去毛刺、锐边倒钝	钳工台	虎钳		
40	检验	检验入库			游标卡尺	

表 4-2　数控加工工序卡

零件名称	数控车削加工零件	零件图号	图 4-1	夹具名称	三爪卡盘
设备名称及型号		平床身数控车 CAK3665			
材料名称及牌号	45 号钢	工序名称	数控车削加工	工序号	20

工步号	工步内容	切削用量			刀具		量具	
		v_f	n	a_p	编号	名称	编号	名称
10	夹 φ15 外圆，露出 45 mm							钢皮尺
20	粗车削外圆见光、对刀	1 600	500	1	T1	外圆车刀	01	游标卡尺
30	粗车外圆 φ12×40 mm	1 000	600	1	T1	外圆车刀	01	游标卡尺
40	精车外圆 φ12×40 mm	1 000	800	0.5	T1	外圆车刀	01	游标卡尺
50	切槽		500	0.1	T3	切槽刀	03	游标卡尺
60	切断保证零件总长		500	0.1	T4	切断刀	04	游标卡尺

5. 工作准备

（1）领取工、量、辅具及毛坯

本例零件的加工需要零用三爪卡盘、卡盘扳手、活动扳手、钢皮尺、游标卡尺、相应刀具、$\phi 15 \times 60$ mm 毛坯、并检验毛坯尺寸是否符合要求。

（2）开机并预热机床

开机，以 500 r/min 的速度启动主轴，预热机床。

（3）装夹、测量刀具

在 1 号刀位上安装外圆车刀，在 2 号刀位上安装 1 mm 切槽车刀，在 4 号刀位上安装切断车刀。

（4）工件安装及对刀

将毛坯夹在卡盘上，伸出 45 mm 左右，确保工件夹紧可靠。

6. 编写程序

参考程序如下：

```
O0020;
N10 G40 G97 G98 M03 S600;
N20 T0101;
N30 G00 X16.0 Z2.0;
N40 G01 Z0 F100;
N50 G01 X0;
N60 G00 X13.0 Z1.0;
N70 G01 Z-40.0 F100;
N80 G00 X15.0 Z2.0;
N90 X11.0;
N100 G01 Z-14.0;
N110 X12.5 Z-33.0;
N120 Z-40.0;
N130 G00 X15.0 Z1.0;
N140 X9.0;
N150 G01 Z-13.0;
N160 X11.0 Z-14.0;
N170 G00 X10.0 Z1.0;
N180 X6.0;
N190 G01 Z0;
N200 G03 X9.0 Z-10.0 R40;
N210 G00 X9.0 Z1.0;
N220 X4.0;
N230 G01 Z0;
N240 G03 X9.0 Z-10.0 R40;
N250 G00 X9.0 Z1.0;
N260 X0;
```

```
N270 G01 Z0.5;
N280 G03 X4.3 Z-1.3 R2;
N290 G00 X9.0 Z1.0 S1000;
N300 X0;
N310 G01 Z0;
N320 G03 X3.8 Z-1.3 R2;
N330 G03 X8.0 Z-10.0 R40;
N340 G01 X8.5;
N350 Z-13.0;
N360 X10.5 Z-14.0;
N370 X12.0 Z-23.0;
N380 Z-40.0;
N390 G00 X50.0 Z100.0 S500;
N400 T0202;
N410 G00 X15.0 Z2.0;
N420 Z-34.0;
N430 X12.5;
N440 G01 X10.0 F40;
N450 X15.0 F500;
N460 G00 X50.0 Z100.0;
N470 T0404;
N480 G00 X15.0 Z2.0;
N490 Z-38.0;
N500 X12.5;
N510 G01 X1.0 F40;
N520 X15.0 F500;
N530 G00 X50.0 Z100.0;
N540 M05;
N550 M30;
```

7. 操作要领

1）安装工件时应对外圆及端面目测找正。

2）安装刀具时，刀具伸出刀柄的长度尽可能短，以提高刀具的刚性。

3）对刀时，主轴转速宜采用 500 r/min 左右。

4）程序启动后，应使用倍率调节旋钮将进给速度调至最低，再根据实际情况调大进给速度，防止撞刀等事故的发生。

5）注意调整加工工序防止零件表面出现震纹。

8. 质量检验与控制

加工完后，用游标卡尺测量其尺寸，如尺寸精度未达到零件图的要求，则修改程序或刀补值后再加工，直到尺寸达到要求。

9. 评价

理解对刀和零件加工质量的关系、工作态度、安全意识、环境保护意识、创新意识等方面进行评价。

10. 思考与练习

1）理解精准对刀，并熟练掌握操作。

2）尝试不同切削参数对工件表面粗糙度的影响。

3）理解如图 4-2 所示车刀刀尖 R 对圆弧加工的影响，说明上述例题程序的问题及解决方案。

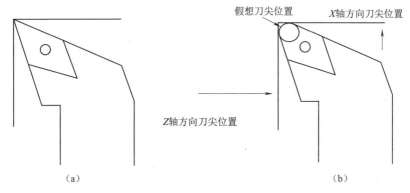

图 4-2　车刀刀尖 R 对圆弧加工的影响

4）思考车削加工长径比较大的零件工艺。

5）总结数控车削加工的安全生产注意事项。

6）编写如图 4-3 所示零件的加工程序，并完成机械加工工艺过程卡和工序卡。

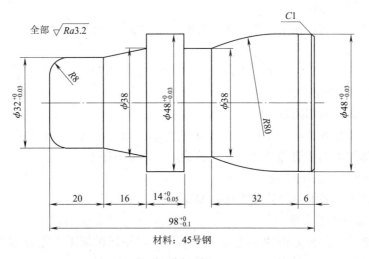

图 4-3　零件图

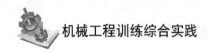

■ 4.1.3 数控车削拓展训练

1. 任务和要求

通过完成图 4-4 所示零件的加工操作，掌握 G92 螺纹循环切削指令的使用。

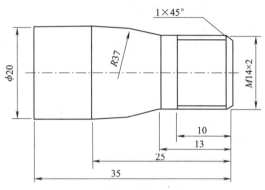

图 4-4 数控车削加工零件图

2. 零件图样及加工工艺分析

从图 4-4 中可以看出，此零件外形为 $\phi 20 \times 35$ mm 的圆柱。因此可以使用 $\phi 22$ 的圆棒料，用锯床下料，毛坯尺寸为 $\phi 22 \times 60$ mm。

（1）毛坯的确定

从图 4-4 中可以看出，此零件的最大尺寸为，长度为 35 mm，因此可以使用 $\phi 22$ 的圆棒料，用锯床下料，毛坯尺寸为 $\phi 22 \times 60$ mm。

（2）装夹选择

采用三爪卡盘装夹毛坯，伸出 40 mm 左右。

（3）加工路线

加工路线为：粗车外圆→精车外圆→车削螺纹→切断（保证总长）。

（4）选择刀具

选用 80°外圆车刀加工零件外圆斜面，选用 60°螺纹刀切削螺纹，选用 3 mm 切断刀切断工件。

（5）确定切削用量

切削用量的具体数值应根据机床的性能、刀具材料、工具材料、加工性质，查阅相关的手册并结合实际经验确定，详见工序卡。

（6）确定工件坐标系

工件坐标系原点设置在毛坯右端面圆心。

3. 填写工艺文件

根据零件图样分析和工艺分析的结果，填写机械加工工艺过程卡和工序卡。机械加工工艺过程卡见表 4-3，数控加工工序卡见表 4-4。

表 4-3　机械加工工艺过程卡

机械加工工艺过程卡		产品名称	零件名称	零件图号
				图 4-1
材料名称及牌号	45 号钢	毛坯种类或材料规格	圆棒料 $\phi25\times60$	材料名称及牌号　45 号钢

工序号	工序名称	工序简要内容	设备名称及型号	工序号	工序名称	工序简要内容
10	下料	下料 $\phi22\times60$		10	下料	下料 $\phi25\times60$
20	数控车	按图加工到尺寸	平床身数控车 CAK3665	20	数控车	按图加工到尺寸
30	钳	去毛刺、锐边倒钝	钳工台	30	钳	去毛刺、锐边倒钝
40	检验	检验入库	游标卡尺	40	检验	检验入库

表 4-4　数控加工工序卡

零件名称	数控车削加工零件		零件图号		图 4-1		夹具名称		三爪卡盘
设备名称及型号				平床身数控车 CAK3665					
材料名称及牌号	45 号钢		工序名称		数控车削加工		工序号		20

工步号	工步内容	切削用量			刀具		量具	
		v_f	n	a_p	编号	名称	编号	名称
10	夹 $\phi22$ 外圆，露出 50 mm							钢皮尺
20	粗车削外圆见光、对刀	1 600	500	1	T1	外圆车刀	01	游标卡尺
30	粗车外圆 $\phi20\times75$ mm	1 000	600	1	T1	外圆车刀	01	游标卡尺
40	精车外圆 $\phi20\times75$ mm	1 000	800	0.5	T1	外圆车刀	01	游标卡尺
50	车削螺纹		500	0.2	T2	螺纹车刀	02	螺纹规
60	切断保证零件总长	800	500		T4	切断刀	04	游标卡尺

4. 工作准备

（1）领取工、量、辅具及毛坯

本例零件的加工需要用三爪卡盘、卡盘扳手、活动扳手、钢皮尺、游标卡尺、相应刀具、$\phi22\times60$ mm 毛坯、并检验毛坯尺寸是否符合要求。

（2）开机并预热机床

开机，以 500 r/min 的速度启动主轴，预热机床。

（3）装夹、测量刀具

在 1 号刀位上安装外圆车刀，在 3 号刀位上安装螺纹车刀，在 4 号刀位上安装切断车刀。

（4）工件安装及对刀

将毛坯夹在卡盘上，伸出 40 mm 左右，确保工件夹紧可靠。

5．编写程序

参考程序如下：

```
O0030；
N10 G40 G97 G98 M03 S800；
N20 T0101；
N30 G00X20.5 Z2.0；
N40 G01 X20.5 Z－35.0 F100；
N50 G00 X22.0 Z2.0；
N60 G00 X17.0 Z2.0；
N70 G01 X17.0 Z－13.0；
N80 G03 X20.5 Z－25.0 R37.0；
N90 G00 X22.0 Z2.0；
N100 G00 X14.5 Z2.0；
N110 G01 X14.5 Z－13.0；
N120 G03 X20.5 Z－25.0 R37.0；
N130 G00 X22.0 Z2.0；
N140 G00X8.0 Z2.0 S1 200；
N150 G01 X14.0 Z－1.0 F120；
N160 G01 X14.0 Z－13.0；
N170 G03 X20.0 Z－25.0 R37.0；
N180 G01 X20.0 Z－35.0；
N190 G00 X22.0. Z50.0；
N200 T0303 S800；
N210 G00 X15.0 Z2.0；
N220 G92 X13.8.0 Z－10.0 F2；
N230 X13.6；
N240 X13.4；
N250 X13.2；
N260 X13.1；
N270 X13.02；
N280 G00 X22.0 Z50.0；
N290 T0303；
N300 G00X23.0 Z－38.0；
N310 G01 X1.0 F70；
N320G01 X23.0 F500；
N330 M05；
N340 G00 X50.0 Z100.0；
N350 M30；
```

6. 操作要领

1）安装工件时应对外圆及端面目测找正。

2）安装刀具时刀具伸出刀柄的长度尽可能短，以提高刀具的刚性。

3）对刀时，主轴转速宜采用 500 r/min 左右。

4）程序启动后，应使用倍率调节旋钮将进给速度调至最低，再根据实际情况调大进给速度，防止撞刀等事故的发生。

5）注意调整螺纹加工的深度。

7. 质量检验与控制

加工完后，用游标卡尺测量其尺寸，如尺寸精度未达到零件图的要求，则修改程序或刀补值后再加工，直到尺寸到达要求。

8. 评价

从工艺的合理性、零件的加工质量、工作态度、安全意识、环境保护意识、创新意识等方面进行评价。

9. 思考与练习

1）理解转速控制指令 G96、G97，进给指令 G98、G99 的区别及对车削加工的影响。

2）掌握循环加工指令圆柱面切削循环指令 G90，端面切削循环指令 G94，螺纹切削循环指令 G92 的使用。

3）思考复杂车削零件如何用软件编程。

4）编写图 4-5 所示零件的数控车削加工程序，并完成机械加工工艺过程卡和工序卡。

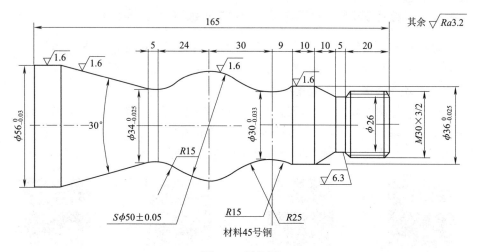

图 4-5　零件图

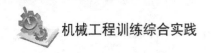

4.2 数控铣削（加工中心）训练

■ 4.2.1 数控铣削（加工中心）实习安全操作规程

1）实习时要穿好工作服。不能戴手套、上衣须扣紧，长发者辫子或散发须盘起扎牢，且要戴安全帽，并将头发纳入帽内。

2）应在指定的机床上进行实习，其他机床、工具或电器开关等均不得乱动。

3）数控机床属于高精密设备，操作时必须严格遵守操作规程。数控机床上严禁堆放任何工、夹、刃、量具等。严禁私自打开数控系统控制柜进行观看和触摸。

4）本机床为技术复杂的高技术产品，实训指导老师或机床其他操作人员必须经过严格培训且合格后，方能操作机床。操作机床必须经实验室及设备管理人员同意后，方可开机。

5）在机床通电后，CNC装置尚未出现位置显示或报警画面之前，严禁碰面板上的任何按键。使用机床前，一定要检查机床是否处于正常状态、是否有报警提示。加工零件前，应仔细检查输入的数据，一定要通过试车保证机床正确工作。指定的各种速度要与机床功能相适应。

6）当使用刀具补偿功能时，应仔细检查补偿方向和补偿量。

7）加工完毕后，整理好工、夹、刃、量具，清理加工设备及打扫环境卫生。正常关闭机床电闸。

■ 4.2.2 数控铣削（加工中心）基本训练（手工编程）

在一块钢板上铣图4-6所示零件，由槽的展开图可知，由于槽的深度存在变化，所以必须进行三轴联动才能加工。又由于圆槽在深度上的变化是连续的，所以该圆槽实际上是螺旋槽。

根据零件图的要求，方槽选用 $\phi5$ mm球头铣刀，设为 T01，圆槽及外形先用 $\phi5$ 立铣刀，设为 T03，工件零点设在圆的中心，毛坯材料：45 号钢。

其工艺过程为：先铣方槽→再铣圆槽→最后铣外形。

转动主轴　　　移动主轴及工作台　　　装刀、换刀、卸刀　　　设置工件坐标系

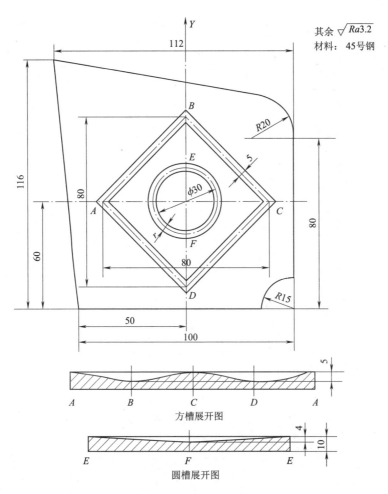

图 4-6　加工中心加工零件图

程序如下：

```
O2002；指定程序名
N10 G21；定义公制输入
N20 G91 G28 Z0；定义增量坐标，Z 轴回零
N30 M19；主轴定位
N40 M06 T01；换刀，φ5 球头刀
N50 G90 G54 H01 G00 X0 Y0 S1000 M03；主轴正转、定义工件坐标、绝对
指令
N60 G00 X40 Y0；
N70 Z5；
N80 G01 Z0 F50；定位 C 点
```

```
N90 X0 Y-40 Z-5 F80；C→D 点
N100 X-40 Y0 Z0；D→A 点
N110 X0 Y40 Z-5；A→B 点 φ5 球头铣刀铣方槽
N120 X40 Y0 Z0；B→C 点
N130 G40 G91 G28 Z0；
N140 M05；
N150 M19；
N160 M06 T03；换 φ5 立铣刀
N170 G90 G54 G00 X0 Y0 S1000 M03；
N180 G43 H03 X0 Y15；
N181 Z10；定位 E 点
N190 G01 Z0 F50；
N200 G17 G03 X0 Y-15 Z-4 IO J-15；E→F 铣螺旋圆槽
N210 G17 X0 Y15 Z0 IO J15；F→E
N220 G00 Z10；
N230 G00 X-60 Y-60；
N240 G42 D02 G01 X-50 Y-50；定位左下角
N250 G01 Z-6；
N260 G91 X85；
N270 G02 X15 Y15 R15；加工右下角 R15 圆弧
N280 G01 Y65；
N290 G03 X-20 Y20 R20；加工右上角 R20 圆弧
N300 G01 X-92 Y16；加工左上角
N310 G01 X12 Y-116；加工左下角
N320 G90 G00 Z50；
N330 G40 G01 X-60 Y-60；
N340 G00 X0 Y0；
N350 M05；
N370 G91 G49 G28 Z0；
N380 M30；
```

■ 4.2.3 数控铣削（加工中心）拓展训练（软件编程）

1. CAD 造型

（1）实训目的

1）掌握绘制 CAD 实体模型的方法及技巧。

2）掌握编辑三维图形的方法和技巧。

（2）实训内容

完成如图 4-7 所示烟灰缸的造型。

（3）实训步骤

1）绘制直径为 110 mm 的圆和内接三角形，如图 4-8 所示。

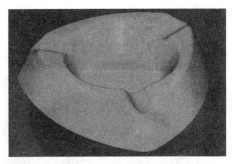

图 4-7　烟灰缸造型图

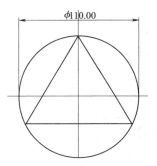

图 4-8　绘制圆和三角形

2）绘制三段半径为 90 mm 的圆弧，如图 4-9 所示。

3）使用实体挤出命令，向下建立烟灰缸基本体（拔模角朝外 20°，挤出距离 26 mm）。如图 4-10 所示。

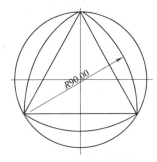

图 4-9　绘制 R90 圆弧

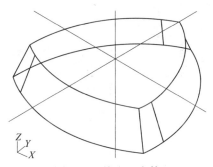

图 4-10　挤出基本体

4）绘制直径 70 的圆，如图 4-11 所示。

5）使用实体挤出命令向下切割烟灰缸基本体（拔模角朝内 30°，挤出距离 20 mm），如图 4-12 所示。

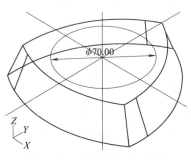

图 4-11　绘制直径 70 的圆

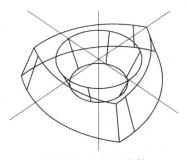

图 4-12　切割基本体

6）设置构图面为前视角，在原点处绘制直径为 12 的圆。使用实体挤出命令向 y 轴正方向建立实体。（拔模角 0°，挤出距离 60 mm）

7）设置构图面为俯视角，使用转换菜单中"旋转"命令，复制出 2 个圆柱，如图 4-13 所示。

使用实体菜单中"布尔运算－切割"命令，在烟灰缸基本体中对 3 个圆柱进行切割，如图 4-14 所示。

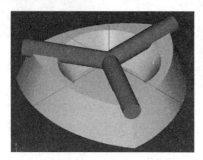

图 4-13　绘制三个圆柱

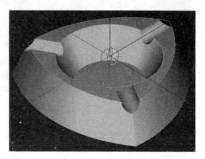

图 4-14　布尔运算

8）使用实体菜单中"倒圆角"命令，完成下图箭头所示位置处倒圆角。倒圆角后效果如图 4-15 所示。

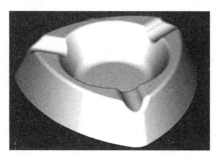

图 4-15　倒角

9）翻转实体，使用实体菜单中"抽壳"命令，对实体抽壳为 2 mm 厚度的薄壳。

10）完成后保存图档文件。

2. CAM 实训

（1）实训目的

1）掌握 CAD/CAM 软件基本使用方法。

2）掌握外形铣削、挖槽、钻孔等常用加工参数设置的方法和技巧。

3）掌握加工模拟仿真方法的使用以及如何产生后置处理程序。

（2）实训内容

将实验一所作的三维图形调入 MasterCAM，对其作相应的修改，再对其进行外形铣削加工。

（3）实训步骤

1）打开 MasterCAM，从档案中调入 CAD 实训项目所绘的图形。

2）选择刀具路径，曲面粗加工，选择挖槽粗加工设置好参数，产生加工路径及设置毛坯大小加工模拟，如图 4-16 所示。

3）选择刀具路径，曲面精加工，选择等高外形精加工，设置好参数，产生加工路径进行加工模拟，如图 4-17 所示。

图 4-16　曲面粗加工

图 4-17　曲面精加工

4）选择刀具路径，曲面精加工，选择浅平面精加工，设置好参数，产生加工路径进行加工模拟，如图 4-18 所示。

图 4-18　浅平面精加工

5）产生后置处理程序，分析数控加工程序是否符合实际。

6）保存所做的结果到自己的文件夹中。

7）打开传输软件，连接机床。

8）在机床上进行相应操作，加工出实物。

CAD/CAM

4.3　五轴加工训练

■ 4.3.1　五轴加工中心安全操作规程

1. 开机前的操作规程

开机前，应当遵守以下操作规程：

1）穿戴好劳保用品，不要戴手套操作机床。

2）开动机床前检查各部分的安全防护装置、周围工作环境以及各气压、液压、液位，按照机床说明书要求加装润滑油、液压油、切削液，接通外接无水气源。检查油标、油量、油质及油路是否正常，保持润滑系统清洁，油箱、油眼不得敞开。

3）检查各移动部件的限位开关是否起作用，在行程范围内是否畅通，是否有阻碍物，是否能保证机床在任何时候都具有良好的安全状况。真实填写好设备点检卡。

4）操作者必须详细阅读机床的使用说明书，熟悉机床一般性能、结构，严禁超性能使用。在未熟悉机床操作前，切勿随意动机床，以免发生安全事故。

5）操作前必须熟知每个按钮的作用以及操作注意事项。注意机床各个部位警示牌上所警示的内容。机床周围的工具要摆放整齐，要便于拿放。加工前必须关上机床的防护门。

2. 加工中的操作规程

在加工操作中，应当遵守以下操作规程：

1）机床在运行五轴联动过程中断电或关机重新开起使用五轴联动功能时，RTCP功能必须重新开启。运行三轴加工程序时必须关闭RTCP功能。

2）通过U盘、网络输入机床的程序，必须严格经过病毒过滤，以免病毒程序给机床带来意外的伤害。

3）文明生产，精力集中，杜绝酗酒和疲劳操作；禁止打闹、闲谈、睡觉和任意离开岗位。

4）机床编程操作人员必须全面了解机床性能，自觉阅读遵守机床的各种操作说明，确保机床无故障工作。

5）机床在通电状态时，操作者千万不要打开和接触机床上示有闪电符号的、装有强电装置的部位，以防被电击伤。

6）机床严禁超负载工作，要依据刀具的类型和直径选择合理的切削参数。注意检查工件和刀具是否装夹正确、可靠；在刀具装夹完毕后，应当采用手动方式进行试切。

7）机床运转过程中，不要清除切屑，要避免用手接触机床运动部件。

8）清除切屑时，要使用一定的工具，应当注意不要被切屑划破手脚。

9）要测量工件时，必须在机床停止状态下进行。

10）机床在执行自动循环时，操作者应站在操作面板前，以便观察机床运转情况，及时发现对话框中的提示、反馈以及报警信息。

11）操作者必须严格按照机床的操作步骤操作机床，未经操作者同意，其他人员不得私自开动。

12）按动各按键时用力应适度，不得用力拍打键盘、按键和显示屏。

13）工作台面不许放置其他物品，安放分度头、虎钳或较重夹具时，要轻取轻放，以免碰伤台面。

14）机床发生故障或不正常现象时，应立即停车检查、排除。

15）操作者离开机床、变换速度、更换刀具、测量尺寸、调整工件时，都应停车。

3. 工作结束后的操作规程

工作结束后，应当遵守以下操作规程：

1）做好机床清扫工作，保持清洁，填好工作记录，发现问题要及时反映。

2）要打扫干净工作场地，擦拭干净机床，应注意保持机床及控制设备的清洁。清洁机床时，应在主轴锥孔中插入无刀刀柄，防止灰尘飞入。工作台和防护间的碎屑和灰尘，最好用一些除尘装置来清理，但严禁使用易燃、有毒或有污染的设备；严禁使用压缩空气吹扫设备表面，严禁用冷却水冲洗机床，否则会降低机床寿命，甚至损害机床。对电机等电气件要经常打扫积尘，以免妨碍通风。

3）工作完毕后，应使机床各部处于原始状态，并切断系统电源才能离开。

4）妥善保管机床附件，保持机床整洁、完好。

4.3.2　五轴加工基本训练

（一）基本训练项目——五轴加工中心的基本操作

1. 五轴加工中心介绍

通常五轴机床比三轴机床多两根旋转坐标轴，五轴加工中心的基本结构及其主要技术参数详见视频"五轴设备介绍"。

2. 五轴加工中心的基本操作

（1）开关机操作

五轴加工中心的开机过程需要人工干预，关机过程也要注意一些事项。

（2）手动操作

五轴加工中心在手动操作模式下可以完成坐标轴的移动、主轴的启停、转数的设置、冷却液的开关等操作。

（3）手轮操作

在手轮操作模式下可以完成坐标轴的控制、主轴的控制等。

（4）手动数据输入操作

在手动数据输入定位模式下，可以通过程序指令控制机床的运动，如换刀操作、机床移动等。

五轴设备介绍　　　五轴开机与关机　　　五轴手动操作　　　五轴手轮操作

（5）刀具的装卸操作

对于符合刀具规定要求的刀具，可以把刀具装入刀库，再通过换刀指令实现刀库中的刀具和主轴上的刀具的交换。对于超规格的刀具可以从加工间进行装卸。

（6）对刀操作

程序在启动前，需对好刀，即设置好工件坐标系。

（7）程序的输入、仿真及自动运行

五轴手动数据　　　五轴刀具　　　五轴加工　　　五轴编程、
输入定位操作　　　　装卸　　　　对刀　　　仿真及运行

（二）基本训练项目——简单零件的手工编程加工

1. 任务和要求

通过完成如图 4-19 所示零件的加工操作，学习五轴加工中心平面轮廓铣削及型腔铣削的编程，学会五轴加工中心基本编程指令的使用，掌握五轴机床的基本操作。

2. 零件图样及加工工艺分析

（1）零件图样分析

从图 4-19 中可以看出，此零件主要由 $\phi 98 \times 15$ mm 的圆柱、一个高为 10 mm 的凸台和一个深为 10 mm 的圆柱孔组成。凸台为一个平面轮廓。此零件的加工属于一般的三轴加工。

零件材料 6061 铝合金中的主要合金元素为镁与硅，属热处理可强化合金、中等强度，具有良好的可成型性、可焊接性，同时具有很好的切削加工性能。

零件精度要求最高的尺寸为 $\phi 98 \pm 0.02$，精度要求不太高，这些尺寸对于精度较高的五轴机床来说很容易保证，可以用刀具半径补偿功能来控制尺寸。

零件的表面粗糙度为 $Ra3.2$，对于铝合金 6061 而言，只需选择合理的加工工艺就可以达到要求。

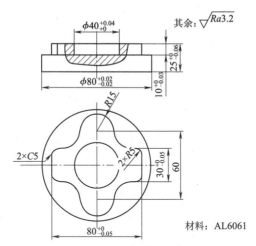

图 4-19　五轴机床平面轮廓铣削零件图

（2）加工工艺分析

1）毛坯的确定。

从图 4-19 中可以看出此零件的最大尺寸为 $\phi98$，高度为 25 mm，因此可以使用 $\phi100$ 的圆棒料，用锯床下料，毛坯尺寸为：$\phi100 \times 30$ mm。

2）装夹选择。

由于毛坯是圆柱料，而且零件上也有圆柱结构，因此采用三爪卡盘装夹零件。

3）加工路线。

铣平面→铣 $\phi98$ 外圆柱→倒头铣平面（保证总高）→粗铣轮廓→精铣轮廓→粗精铣型腔。

4）选择刀具。

选用 $\phi80$ 面铣刀加工零件上下表面，选用 $\phi20$ 立铣刀加工圆柱面、平面轮廓及型腔。

5）确定切削用量。

切削用量的具体数值应根据机床的性能、刀具材料、工具材料、加工性质，查阅相关的手册并结合实际经验确定，详见工序卡。

6）确定工件坐标系。

对于具有对称中心的零件，建议将工件坐标系原点设置在对称中心上。因此本例可以将工件原点设置在上表面的中心位置。

3. 填写工艺文件

根据零件图样分析和工艺分析的结果，填写机械加工工艺过程卡和工序卡。机械加工工艺过程卡见表 4-5，数控加工工序卡见表 4-6。

表 4-5　机械加工工艺过程卡

机械加工工艺过程卡		产品名称	零件名称	零件图号
				图 4-19
材料名称及牌号	AL6061　毛坯种类或材料规格	圆棒料 $\phi100\times30$		总工时
工序号	工序名称	工序简要内容	设备名称及型号	夹具	量具	工时
10	下料	下料 $\phi100\times30$			钢皮尺	
20	五轴加工	按图加工到尺寸	五轴加工中心	三爪卡盘	机床自带测头游标卡尺	
30	钳	去毛刺、锐边倒钝	钳工台	虎钳		
40	检验	检验入库	三坐标测量仪			

表 4-6　数控加工工序卡

数控加工工序卡								
零件名称	五轴综合加工零件		零件图号	图 4-19		夹具名称	三爪卡盘	
设备名称及型号	五轴加工中心							
材料名称及牌号	AL6061		工序名称	五轴加工		工序号	20	
工步号	工步内容	切削用量			刀具		量具	
		v_f	n	a_p	编号	名称	编号	名称
10	夹 $\phi100$ 外圆，露出 18 mm							钢皮尺
20	铣平面见光、对刀	1600	2000	1	T1	$\phi80$ 面铣刀		机床自带测头
30	粗精铣外圆 $\phi98\times15$ mm	1000	4000	5	T2	$\phi20$ 立铣刀		机床自带测头
40	夹 $\phi96$ 外圆，夹持长度 10 mm							钢皮尺
50	铣平面保证 mm，对刀	1600	2000	1	T1	$\phi80$ 面铣刀		游标卡尺
60	粗铣平面轮廓，留 0.5 mm 精工工余量	600	4000	10	T2	$\phi20$ 立铣刀		机床自带测头
70	精铣面轮廓	400	4000	10	T2	$\phi20$ 立铣刀		机床自带测头
80	粗铣圆柱孔	1000	4000	5	T2	$\phi20$ 立铣刀		机床自带测头
90	精铣圆柱孔	400	4000	10	T2	$\phi20$ 立铣刀		机床自带测头

4. 工作准备

（1）领取工、量、夹、辅具及毛坯

本例零件的加工需要零用三爪卡盘、卡盘扳手、压板套件、活动扳手、钢皮尺、游标卡尺、寻边器（如采用测头设置工件坐标系则不需寻边器）、相应刀具及刀柄、$\phi100\times30$ mm 毛坯、紫铜皮（夹 $\phi98$ 外圆柱用，保护已加工表面），并检验毛坯尺寸是否符合要求。

（2）开机并预热机床

开机，以 1 000 r/min 的速度启动主轴，预热机床。

（3）装夹、测量刀具

在卸刀座上将刀具装入相应刀柄，并使用机外对刀仪或机内对刀仪测量刀具长度和半径值并输入机床刀具表内，最后将测好的刀具装入机床刀具库。

（4）工件安装及对刀

将三爪卡片放置机床工作台上，用压板和螺栓紧固，再将工件毛坯安装到三爪卡盘上，确保工件夹紧可靠，工件露出卡盘尺寸符合要求。

5. 编写程序

（1）参考程序

平面轮廓加工参考程序如下：

```
0 BEGIN PGM lunkuo MM
1 BLK FORM 0.1 Z X- 50 Y- 50 Z- 25
2 BLK FORM 0.2 X+ 50 Y+ 50 Z+ 0
3 TOOL CALL 10 Z S4 000 F600 DR0.5 ；调 10 号刀（刀具直径为 20
mm），DR0.5 表示刀具半径补偿值增大 0.5 mm，即留 0.5 mm 精加工余量，在精加
工时，需将 DR0.5 去掉
5 L Z+ 100 R0 FMAX M13
6 L X- 60 Y- 60 R0 FMAX
7 L Z- 10 R0 FMAX
8 APPR LCT X- 40 Y- 30 R10 RL F600 ；精加工时将 F600 改成 F400
9 L Y+ 15 X- 40
10 CHF 5
11 L X- 30 Y+ 15
12 CR X- 15 Y+ 30 R+ 15 DR+
13 CR X+ 15 Y+ 30 R+ 15 DR-
14 CR X+ 30 Y+ 15 R+ 15 DR+
15 L X+ 40 Y+ 15
16 RND R5
17 L Y- 15 X+ 40
18 RND R5
19 L X+ 30 Y- 15
20 CR X+ 15 Y- 30 R+ 15 DR+
21 CR X- 15 Y- 30 R+ 15 DR-
22 CR X- 30 Y- 15 R+ 15 DR+
23 L X- 40
24 CHF 5
25 L X- 40 Y+ 0
26 DEP LCT X- 60 Y+ 15 R10
27 L Z+ 100 R0 FMAX
28 L X+ 0 Y+ 0 R0 FMAX M2
29 END PGM lunkuo MM
```

（2）参考程序

圆柱孔加工参考程序如下：

```
0 BEGIN PGM yuanzhukong MM
1 TOOL CALL 10 Z S4 000 F1 000
2 L Z+ 100 R0 FMAX M13
3 CYCL DEF 252 CIRCULAR POCKET ~
Q215= + 0 ; MACHINING OPERATION ~
Q223= + 40 ; CIRCLE DIAMETER ~
Q368= + 0.5 ; ALLOWANCE FOR SIDE ~
Q207= + 1 000 ; FEED RATE FOR MILLNG ~
Q351= + 1 ; CLIMB OR UP- CUT ~
Q201= - 10 ; DEPTH ~
Q202= + 5 ; PLUNGING DEPTH ~
Q369= + 0 ; ALLOWANCE FOR FLOOR ~
Q206= + 150 ; FEED RATE FOR PLNGNG ~
Q338= + 0 ; INFEED FOR FINISHING ~
Q200= + 2 ; SET- UP CLEARANCE ~
Q203= + 0 ; SURFACE COORDINATE ~
Q204= + 100 ; 2ND SET- UP CLEARANCE ~
Q370= + 1 ; TOOL PATH OVERLAP ~
Q366= + 1 ; PLUNGE ~
Q385= + 400 ; FINISHING FEED RATE
4 CYCL CALL POS X+ 0 Y+ 0 Z+ 0 FMAX M3
5 L Z+ 100 R0 FMAX
6 L X+ 0 Y+ 0 R0 FMAX M2
7 END PGM yuanzhukong MM
```

6. 操作要领

1）安装工件时应对外圆及端面找正。

2）安装刀具时刀具伸出刀柄的长度尽可能短，以提高刀具的刚性。

3）往刀库装刀时，要确保刀具装到位，并确认刀具、刀具号、刀位号要一一对应。

4）采用偏心式寻边器时，主轴转速宜采用 500 r/min 左右为宜，转速过高会导致寻边器下端甩出伤人。

5）工件倒头安装时，需垫紫铜皮，以免损伤 φ98 外圆柱表面。

6）程序启动前，应使用倍率调节旋钮将进给速度调至最低，在加工过程中根据实际情况调大进给速度，防止撞刀等事故的发生。

7. 质量检验与控制

零件加工完后，用量具或机床自带的测头测量其尺寸，如尺寸精度未达到零件图的要求，则修改程序或刀具半径值后再加工，直到尺寸到达要求。

8. 评价

从工艺的合理性、零件的加工质量、工作态度、安全意识、环境保护意识、创新意识等方面进行评价。

9. 思考与练习

1）反思此零件的工艺、所用工装和设备的合理性，提出改进意见。

2）总结零件五轴加工的工作流程。

3）总结五轴加工的安全生产和环境保护的主要内容。

4）编写如图 4-20 所示零件的五轴加工程序，并完成机械加工工艺过程卡和工序卡。

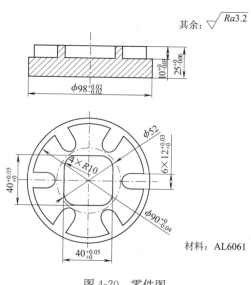

图 4-20　零件图

■ 4.3.3　五轴加工拓展训练

1. 任务和要求

通过完成如图 4-21 所示零件的加工操作，掌握五轴加工中心"3+2"形式的手工编程，学会五轴加工中心循环指令、倾斜斜面加工指令以及在线测量功能的使用。

2. 零件图样及加工工艺分析

（1）零件图样分析

从图 4-21 中可以看出，此零件主要由 $\phi 96 \times 15$ mm 的圆柱，60 mm × 60 mm 的方形凸台，8 个斜面和斜面上的槽孔结构组成。此结构属于五轴加工中的"3+2"编程结构，即：通过调整 2 根旋转轴将刀具（或工件）调整到正确的空中姿态（如使刀具轴线与工件表面垂直），再通过 X、Y、Z 轴的运动进行二维或三维加工。

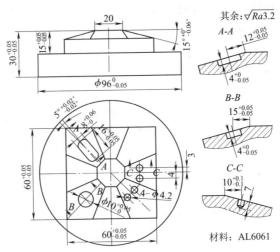

图 4-21　五轴综合加工零件图

　　6061 铝合金中的主要合金元素为镁与硅，属热处理可强化合金、中等强度，具有良好的可成型性、可焊接性，同时具有很好的切削加工性能。

　　该零件精度要求最高的尺寸为 $\phi96_{-0.05}^{0}$ 和 $5°\pm0.02°$。虽然这些尺寸对于精度较高的五轴机床来说很容易保证，但也需要进行粗精加工，而且在编程的时候要注意按中间尺寸编程，这样做是把加工误差尽可能控制在允许的公差范围内。零件的表面粗糙度为 $Ra3.2$，对于铝合金 6061 而言，只需选择合理的切削用量就可以达到要求。

　　（2）加工工艺分析

　　1）毛坯的确定。

　　从图 4-21 中可以看出此零件的最大高度为 30 mm，因此可以使用 $\phi100$ 的圆棒料，用锯床下料，毛坯尺寸为 $\phi100\times35$ mm。

　　2）装夹选择。

　　由于毛坯是圆柱料，而且零件上也有圆柱结构，因此采用三爪卡盘装夹零件。

　　3）加工路线。

　　铣平面→铣 $\phi96$ 外圆柱→倒头铣平面（保证总高）→铣 60×60 方型凸台→铣 8 个斜面→铣 16 mm×8 mm 键槽→铣 $\phi10$ 孔→钻 4 个 $\phi4.2$ 孔。

　　4）选择刀具。

　　选用 $\phi80$ 面铣刀加工零件上下表面及斜面，选用 $\phi20$ 立铣刀加工圆柱面及方型凸台，选用 $\phi6$ 平底立铣刀加工键槽及 $\phi10$ 圆柱孔，选用 $\phi4.2$ 钻头加工孔。

　　5）确定切削用量。

　　切削用量的具体数值应根据机床的性能、刀具材料、工具材料、加工性质，查阅相关的手册并结合实际经验确定，详见工序卡。

6）确定工件坐标系。

对于具有对称中心的零件，建议将工件坐标系原点设置在对称中心上。因此本例可以将工件原点设置在上表面的中心位置。

3. 填写工艺文件

根据零件图样分析和工艺分析的结果，填写机械加工工艺过程卡和工序卡。机械加工工艺过程卡见表 4-7，数控加工工序卡见表 4-8。

表 4-7 机械加工工艺过程卡

机械加工工艺过程卡		产品名称	零件名称	零件图号
				图 4-21
材料名称及牌号	AL6061	毛坯种类或材料规格	圆棒料 $\phi100\times35$	总工时
工序号	工序名称	工序简要内容	设备名称及型号	夹具	量具	工时
10	下料	下料 $\phi100\times35$			钢皮尺	
20	五轴加工	按图加工到尺寸	五轴加工中心 DMU 60monoblock	三爪卡盘	机床自带测头 游标卡尺	
30	钳	去毛刺、锐边倒钝	钳工台	虎钳		
40	检验	检验入库	三坐标测量仪			

表 4-8 数控加工工序卡

数控加工工序卡									
零件名称	五轴综合加工零件		零件图号	图 4-21		夹具名称		三爪卡盘	
设备名称及型号			五轴加工中心						
材料名称及牌号		AL6061		工序名称		五轴加工		工序号	20
工步号	工步内容		切削用量			刀具		量具	
		v_f	n	a_p	编号	名称	编号	名称
10	夹 $\phi100$ 外圆，露出 20 mm							钢皮尺
20	铣平面见光、对刀	1600	2000	1	T1	$\phi80$ 面铣刀		机床自带测头
30	粗精铣外圆 $\phi96\times18$ mm	1000	4000	5	T2	$\phi20$ 立铣刀		机床自带测头
40	夹 $\phi96$ 外圆，露出 20 mm							钢皮尺
50	铣平面保证 30 ± 0.05 mm，对刀	1600	2000	1	T1	$\phi80$ 面铣刀		游标卡尺
60	粗精铣 60 mm×60 mm×15 mm 凸台到尺寸	1200	4000	5	T2	$\phi20$ 立铣刀		机床自带测头
70	粗精铣 8 个斜面到尺寸	1600	2000	1	T1	$\phi80$ 面铣刀		机床自带测头
80	粗精铣 16 mm×8 mm 键槽到尺寸	1200	6000	2	T3	$\phi6$ 立铣刀		机床自带测头
90	粗精铣 $\phi10$ 孔到尺寸	1200	6000	2	T3	$\phi6$ 立铣刀		机床自带测头
100	钻 $4\times\phi4.2$ 孔	600	6000		T4	$\phi4.2$ 钻头		机床自带测头

4. 工作准备

（1）领取工、量、夹、辅具及毛坯

本例零件的加工需要零用三爪卡盘、卡盘扳手、压板套件、活动扳手、钢皮尺、游标卡尺、寻边器（如采用测头设置工件坐标系则不需寻边器）、相应刀具及刀柄、$\phi100\times35$ mm 毛坯、紫铜皮（夹 $\phi96$ 外圆柱用，保护已加工表面），并检验毛坯尺寸是否符合要求。

（2）开机并预热机床

开机，以 1 000 r/min 的速度启动主轴，预热机床。

（3）装夹、测量刀具

在卸刀座上将刀具装入相应刀柄，并使用机外对刀仪或机内对刀仪测量刀具长度和半径值，并输入机床刀具表内，最后将测好的刀具装入机床刀具库。

（4）工件安装及对刀

现将三爪卡片放置机床工作台上，用压板和螺栓紧固，再将工件毛坯安装到三爪卡盘上，确保工件夹紧可靠，工件露出卡盘尺寸符合要求。

5. 编写程序

参考程序如下：

（1）铣削八个斜面的程序

```
0 BEGIN PGM ACHTKANT- PLANE MM
1CALL LBL 19 ；机床坐标系及加工平面复位
2TOOL CALL 12 Z S5000 F1 200 ；调刀，直径为 80 的平面铣刀
3* - ……FLAECHE 1 15GRAD
4CALL LBL 1 ；加工第一个斜面
5* - ……FLAECHE 2
6PLANE SPATIAL SPA+ 0 SPB+ 0 SPC- 45 STAY
7CALL LBL 1 ；加工第二个斜面
8* - ……FLAECHE 3
9PLANE SPATIAL SPA+ 0 SPB+ 0 SPC- 90 STAY
10 CALL LBL 1 ；加工第三个斜面
11 * - ……FLAECHE 4
12 PLANE SPATIAL SPA+ 0 SPB+ 0 SPC- 135 STAY
13 CALL LBL 1 ；加工第四个斜面
14 * - ……FLAECHE 5
15 PLANE SPATIAL SPA+ 0 SPB+ 0 SPC- 180 STAY
16 CALL LBL 1 ；加工第五个斜面
17 * - ……FLAECHE 6
18 PLANE SPATIAL SPA+ 0 SPB+ 0 SPC- 225 STAY
19 CALL LBL 1 ；加工第六个斜面
20 * - ……FLAECHE 7
21 PLANE SPATIAL SPA+ 0 SPB+ 0 SPC- 270 STAY
```

```
22 CALL LBL 1 ；加工第七个斜面
23 * - ……FLAECHE 8
24 PLANE SPATIAL SPA+ 0 SPB+ 0 SPC- 315 STAY
25 CALL LBL 1 ；加工第八个斜面
26 L B+ 0 C+ 0 R0 FMAX
27 M30
28 * - ……BEARBEITUNG
29 LBL1 ；加工斜面子程序
30 CYCL DEF 7.0 NULLPUNKT ；坐标系平移至 X10Y0Z0 处
31 CYCL DEF 7.1 X10
32 PLANE RELATIV SPB+ 15 TURN F9999 ；B 轴旋转 15 度
33 L X+ 13 Y- 70 R0 FMAX M3 ；开始斜面加工
34 L Z+ 10 R0 FMAX
35 L Z+ 0 R0 FMAX
36 L Y+ 70 R0 FAMX
37 L Z+ 30 R0 FMAX
38 CALL LBL19 ；斜面加工完后复位坐标系和加工平面
39 LBL0 ；子程序结束
40 * - ……RUECKSETZEN
41 LBL19 ；复位用子程序
42 M140 MB MAX ；沿刀轴退刀，退至最大高度
43 CYCL DEF 7.0 NULLPUNKT ；复位坐标系平移功能
44 CYCL DEF 7.1 X+ 0
45 CYCL DEF 7.1 Y+ 0
46 CYCL DEF 7.1 Z+ 0
47 PLANE RESET STAY ；加工平面复位
48 LBL 0
49END PGM ACHTKANT- PLANE MM
```

（2）铣圆形型腔、键槽及钻四个孔程序

```
0 BEGIN PGM ACHTKANT- PLANE MM
1 CALL LBL 19
2* - ……Beschreibung Achtkant siehe Uebung 6
3* - ……KREISTASCHE
4TOOL CALL 31 Z S5000 F1100 SCHAFTFR D8
5CYCL DEF 252 KREISTASCHE～ ；定位型腔加工循环
Q215= + 0 ； BEARBEITUNGS- UMFANG～
Q223= + 10 ； KREISDURCHMESSER～
Q368= + 0.1 ； AUFMASS SEITE～
Q207= AUTO ； VORSCHUB FRAESEN～
Q351= + 1 ； FRAESART～
Q201= - 4 ； TIEFE～
Q202= + 2 ； ZUSTELL- TIEFE～
```

```
Q369= + 0 ; AUFMASS TIEFE~
Q206= + 500 ; VORSCHUB TIEFENZ.~
Q338= + 4 ; ZUST.SCHLICHTEN~
Q200= + 2 ; SICHERHEITS- ABST.~
Q203= + 0 ; KOOR.OBERFLAECHE~
Q204= + 50 ; 2.SICHERHEITS- ABST.~
Q370= + 1.2 ; BAHN- UEBERLAPPUNG~
Q366= + 1 ; EINTAUCHEN~
Q385= AUTO ; VORSCHUB SCHLICHTEN~
6 CYCL DEF 19.0 BEARBEITUNGSEBENE ；定义 C 轴转角度
7 CYCL DEF 19.1 C- 135
8 CYCL DEF 7.0 NULLPUNKT ；坐标系平移值 X10Y0Z0 处
9 CYCL DEF 7.1 X+ 10
10 CYCL DEF 19.0 BEARBEITUNGSEBENE ；定义 B 轴转角度；
11 CYCL DEF 19.1 B+ 15
12 L B+ Q121 C + Q122 R0 FMAX ；开始旋转 B 轴和 C 轴
13 CYCL CALL POS X+ 12 Y+ 0 Z+ 0 FMAX M3 ；调用型腔加工循环
14 CALL LBL 19
15 CYCL DEF 253 NUTENFRAESEN~ ；定义键槽加工循环
Q215= + 0 ; BEARBEITUNGS- UMFANG~
Q218= + 18 ; NUTLAENGE~
Q368= + 0.1 ; AUFMASS SEITE~
Q374= - 5 ; DREHLAGE~
Q367= + 0 ; NUTLAGE~
Q207= AUTO ; VORSCHUB FRAESEN~
Q351= + 1 ; FRAESART~
Q201= - 4 ; TIEFE~
Q202= + 2 ; ZUSTELL- TIEFE~
Q369= + 0 ; AUFMASS TIEFE~
Q206= + 500 ; VORSCHUB TIEFENZ.~
Q338= + 4 ; ZUST.SCHLICHTEN~
Q200= + 2 ; SICHERHEITS- ABST.~
Q203= + 0 ; KOOR.OBERFLAECHE~
Q204= + 50 ; 2.SICHERHEITS- ABST.~
Q366= + 1 ; EINTAUCHEN~
Q385= AUTO ; VORSCHUB SCHLICHTEN~
16 CYCL DEF 19.0 BEARBEITUNGSEBENE ；定义 C 轴旋转角度
17 CYCL DEF 19.1 C- 45
18 CYCL DEF 7.0 NULLPUNKT ；平移坐标系
19 CYCL DEF 7.1 X- 10
20 CYCL DEF 19.0 BEARBEITUNGSEBENE ；定义 B 轴旋转角度
21 CYCL DEF 19.1 B- 15
22 L B+ Q121 C + Q122 R0 FMAX ；旋转 B 轴和 C 轴
23 CYCL CALL POS X- 12 Y+ 0 Z+ 0 FMAX M3 ；调用键槽加工循环
```

```
24 CALL LBL 19
25 * - ……ZENTRIEREN 1.SEITE
26 TOOL CALL 3 Z S2 000 F200 ; NC- ANBO
27 Q1= 12 ; BOHRPOS.
28 CYCL DEF 200 BOHREN～ ; 定义钻孔循环
Q200= + 2 ; SICHERHEITS- ABST.～
Q201= - 2.7 ; TIEFE～
Q206= AUTO ; VORSCHUB TIEFENZ.～
Q202= + 2.7 ; ZUSTELL- TIEFE～
Q210= + 0 ; VERWEILZEIT OBEN～
Q203= + 0 ; KOOR.OBERFLAECHE～
Q204= + 15 ; 2.SICHERHEITS- ABST.～
Q211= + 0 ; VERWEILZEIT UNTEN～
29 LBL 2
30 CYCL DEF 7.0 NULLPUNKT
31 CYCL DEF 7.1 X+ 10
32 PLANE RELATIV SPB+ 15 TURN F9999
33 CYCL CALL POS X+ Q1 Y+ 4 Z+ 0 FMAX M3
34 CYCL CALL POS X+ Q1 Y- 3 Z+ 0 FMAX M3
35 CALL LBL 19
50 PLANE SPATIAL SPA+ 0 SPB+ 0 SPC- 45 STAY
36 CYCL DEF 7.0 NULLPUNKT
37 CYCL DEF 7.1 X+ 10
38 PLANE RELATIV SPB+ 15 TURN F9999
39 CYCL CALL POS X+ Q1 Y+ 4 Z+ 0 FMAX M3
40 CYCL CALL POS X+ Q1 Y- 3 Z+ 0 FMAX M3
41 CALL LBL 19
42 LBL 0
43 * - ……BOHREN 1.U.2.SEITE
44 TOOL CALL 4 Z S2 000 F200
45CYCL DEF 200 BOHREN～
Q200= + 2 ; SICHERHEITS- ABST.～
Q201= - 8 ; TIEFE～
Q206= AUTO ; VORSCHUB TIEFENZ.～
Q202= + 5 ; ZUSTELL- TIEFE～
Q210= + 0 ; VERWEILZEIT OBEN～
Q203= + 0 ; KOOR.OBERFLAECHE～
Q204= + 50 ; 2.SICHERHEITS- ABST.～
Q211= + 0 ; VERWEILZEIT UNTEN～
46 * - ……ZENTRIEREN 2.SEITE
47 CALL LBL 2
48 L B+ 0 C+ 0 R0 FMAX
49 M30
```

6. 操作要领

1）安装工件时应对外圆及端面找正。

2）安装刀具时刀具伸出刀柄的长度尽可能短，以提高刀具的刚性。

3）往刀库装刀时，要确保刀具装到位，并确认刀具、刀具号、刀位号要一一对应。

4）采用偏心式寻边器时，主轴转速宜采用 500 r/min 左右为宜，转速过高会导致寻边器下端甩出伤人。

5）工件倒头安装时，需垫紫铜皮，以免损伤 $\phi96$ 外圆柱表面。

6）程序启动后，应使用倍率调节旋钮将进给速度调至最低，再根据实际情况调大进给速度，防止撞刀等事故的发生。

7. 质量检验与控制

进行首件加工时，可以将程序按结构分成若干个小程序，即一个小程序加工一个结构。当一个结构完成粗精加工后，用量具或机床自带的测头测量其尺寸，如尺寸精度未达到零件图的要求，则修改程序或刀具半径值后再加工，直到尺寸到达要求。

8. 评价

从工艺的合理性、零件的加工质量、工作态度、安全意识、环境保护意识、创新意识等方面进行评价。

9. 思考与练习

1）反思此零件的工艺、所用工装和设备的合理性，提出改进意见。

2）总结零件五轴加工的数控编程过程。

3）总结五轴加工的安全生产和环境保护的主要内容。

4）思考象叶轮、叶片等需要五轴联动加工的零件如何编程。

5）编写图 4-22 所示的五轴加工程序，并完成机械加工工艺过程卡和工序卡。

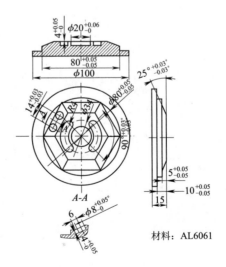

图 4-22 零件图

4.4　激光加工训练

■ 4.4.1　激光加工实习安全操作规程

1）遵守《工程训练安全守则》，实习时要穿好工作服。不能戴手套、上衣须扣紧，长发者须辫子或散发须盘起扎牢，操作时要戴防护眼镜、安全帽，并将头发纳入帽内。使用心脏起搏器的人员请勿接近激光设备。

2）操作激光加工设备必须经实验室及设备管理人员同意后，方可开机。

3）激光加工设备属于高精密设备，操作时必须严格遵守操作规程。操作人员必须经过严格培训合格后，方能操作设备。

4）设备周围严禁堆放任何工、夹、刃、量具等。严禁私自打开设备控制柜进行观看和触摸。

5）学生应在指定的激光加工设备上进行实习，其他设备、工具或电器开关等未经老师允许不得擅自开关或使用。

6）加工前，一定要按参数表设定加工材料合适的参数，仔细检查输入的数据。确保激光加工设备正确工作。

7）并当使用激光加工补偿功能时，应仔细检查补偿方向和补偿量，待老师确认之后再进行加工。

8）加工完毕，严格按照激光加工设备关机顺序关机，并及时清理激光加工设备及周围环境卫生，导轨等处加注润滑油。关闭设备电闸。

■ 4.4.2　激光加工基本训练

1. 任务及要求

完成带中国象棋棋子的制作（见图 4-23 和图 4-24），外形新颖、美观，图案文字布局合理，突出实用性和便利性。

2. 作品构思与 CAD 设计

材料方面可以选择木质、亚克力、皮革等，其个形尺寸要与棋盘的尺寸相协调一致；字体可以选择喜欢的楷体、宋体、黑体等；内容上可以选择：卒、兵、车、马、相、炮、将等象棋中有的文字标识。

CAD 设计选择 AutoCAD、CAXA 工程图板等软件均可，注意：绘图时不要标注尺寸，清除多余重复线条，只可采用实线进行绘制，对于简单的轮廓，也可以采用设备控制软件上自带的绘图命令进行绘制。

图 4-23　典型示例一　　　　　　　图 4-24　典型示例二

3. 保存文件

对图形文件进行保存，格式为 DXF。

4. 工作准备与加工操作

1) 领取切割材料、对焦块、直尺 、游标卡尺。

2) 开机并预热机床，打开冷却系统、排风系统。

3) 初始化设备，铺材料于托架上，用对焦块进行对焦。

4) 打开 RG 控制系统软件，导入图形，按下表设置切割速度，切割功率、扫描速度和功率，设置激光工作图层等参数。

5) 通过边界框确定需要材料的区域后，如不需要调整，则按开始按钮开始进行加工。

6) 如果观察加工状态，可以戴防护眼镜进行直接观看。

7) 加工完成后，打开盖子，移开激光头，取出作品。

8) 关闭激光输出纽，移动激光头到右前角处。关闭软件和计算机。

5. 操作要领

1) 开机顺序：计算机→软件→雕刻机（急停、电源开关）→开激光。

2) 关机顺序：与开机顺序相反。

3) 要把待加工板材铺平，对焦时要双手推操作，采用对焦块调整激光头的高度。

4) 要调整加工顺序，先扫描后切割。

5) 取作品时要移开激光头。

6) 如果多个相同的作品，要用到阵列的命令，之后重复 3～5 步。

开机　　　　　　关机　　　　　调整切割顺序　　　　阵列

6. 质量检验与控制

采用肉眼观察切割处是否已全部切透，如有末切透的情形，检查板材是否铺平，激光的功率与速度是否匹配；用直尺检查外形尺寸及局部尺寸。如有尺寸错误，则要调整光路系统或更换聚焦镜（需指导教师解决）。

7. 评价

从外观和工艺的合理性、作品的加工质量、学生的工作态度、安全意识、创新意识等方面进行评价。

8. 思考与练习

1）反思设计的不足，提出改进意见。

2）总结作品的设计与制作过程。

4.4.3　激光加工拓展训练

1. 任务及要求

完成私人定制的手机支架、笔筒、纸抽盒的制作。要求外形新颖、美观，结构合理，突出实用性和便利性。作品样图见图 4-25～图 4-28。

图 4-25　办公用品：木纹笔桶

图 4-26　办公用品：手机架

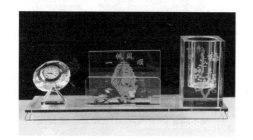

图 4-27　办公用品：名片架

图 4-28　办公用品：水晶笔桶

2. 作品构思与 CAD 设计

要对承载的物品的尺寸进行测绘，确定合适的结构尺寸；连接多采用卡接结构，必要时也可采用粘接结构，对于亚克力材料，胶水采用无影胶；对于木质材料，胶水采用乳白胶。卡接工差要求为 +0.15～0.2 mm，保证卡接的紧凑，可参考图 4-29～图 4-34。

图 4-29　设计作品图一

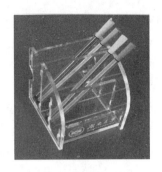

图 4-30　设计作品图二

图 4-31　设计作品图三

图 4-32　设计作品图四

图 4-33　设计作品图五

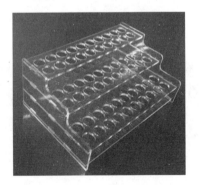

图 4-34　设计作品图六

对作品设计的文字和图案 LOGO，留有合适的面积。可以在设计时直接加入，或是在加工时在软件控制中加入均可。

3. 保存文件

参见基本训练相应部分。

4. 工作准备与加工操作

参见基本训练相应部分。

5. 组装

把切割完的零部件进行拼装，如配合较紧处，可以采用木槌敲入，用力一定要均匀合适，否则卡口处会开裂。不牢固处可采用胶水粘接。

组装

6. 操作要领

参见基本训练相应部分。

7. 质量检验与控制

组装后观察结构的牢固性，如有尺寸不合理的地方，可以重新调整尺寸，对不合理处的零部件进行重新切割后现组装。

8. 评价

从外观和工艺的合理性、作品的加工质量、学生的工作态度、安全意识、创新意识等方面进行评价。

9. 思考与练习

1）反思设计中存在的问题，提出解决方案。

2）总结作品的设计与制作的全过程。

4.5　逆向工程训练

▌4.5.1　逆向工程实习安全操作规程

1. 三维扫描仪安全操作规程（以激光扫描仪为例）

1）警告：三维扫描仪如为激光产品，请避免长期直视激光，以免损伤视网膜。

2）扫描仪的存放环境应干燥、无灰尘。

3）必要时，请采用专用的清洁布擦拭扫描仪滤镜。

4）扫描仪的数据线不能出现180°折角。

5）扫描仪专用的校准板，不使用时应妥善存放，防止破损。

2. 3D打印机安全操作规程（以光固化成型为例）

（1）打印机操作

1）所有操作或维护打印机的人员须知道急救和应急设备的位置，并了解如何使用这些设备。请勿阻塞获取这些设备的途径。

2）在关闭打印机机盖时使手指和其他身体部位不能与其接触。

3）在打印机运行时，请勿尝试打开打印机的主机盖。

4）请勿屏蔽盖锁安全开关。

5）如果盖锁安全开关失效，则不要使用打印机。

6）即使在停止运行后，打印机的某些部件仍会保持极高温度，请不要触摸紫外线灯和打印模块。

（2）紫外线辐射

打印机中使用的紫外线灯会排出危险辐射线。若打印机机盖打开后，紫外线灯仍发光的话，请不要直视紫外线灯光。

（3）模型和支撑材料

模型和支撑材料由化学物质制成。在直接处理这些材料时必须采取预防措施，所有模型和支撑材料应当在密封的材料盒内处理。

将模型材料和支撑材料储藏在室内干燥、通风良好、温度介于 16～27 ℃ 的区域。请勿置于火焰、高温、火星或阳光的直接照射下。

将模型材料和支撑材料与存储、准备和食用食物和饮料的地点分隔开。

未凝固的打印材料是一种危险物质，直接处理时需要采取一定的预防措施。为防止皮肤刺激，请戴上氯丁橡胶手套或丁腈橡胶手套。如果模型材料和支撑材料溅入眼，请戴上防护眼镜，与打印材料长时间接触可导致过敏反应。

在处理表面还未完全固化的紫外线固化模型时，戴上普通的乳胶手套已足够。

使用模型材料和支撑材料的地方应尽量通风，以防呼吸道刺激。通风系统应每小时至少完全更换空气 4 次。

使用一次性毛巾或其他有吸收力的、不可重用的材料如木屑或活性炭，清理溢出的模型材料和支撑材料。用变性醇或异丙醇（IPA）清洗溢出区域，然后用肥皂和水冲洗。依据地方法规处理使用过的材料。

请勿在家中清洗受污染的衣服，应以专业方式洗涤。

（4）废弃物处理

1）完全固化的打印模型可以当作普通办公废物进行处理。但是，在处理打印机废物时需要特别小心。

2）当从打印机卸下废物容器时，应戴上氯丁橡胶手套或丁腈橡胶手套。

3）为防止液体废物溅入眼睛，请佩戴安全眼镜。

4）打印机产生的液体废物被定为危险工业废物。因此，打印材料废物必须打包进行处理，以免他人接触以及污染水源。

5）空的模型材料和支撑材料的材料盒含有材料的残留物。材料盒封口的破裂处会泄漏某些残留物。因此，应小心处理和存储空的材料盒。

6）请勿尝试重复使用材料盒，也不要将其刺穿。

7）根据当地规定处理使用过的材料盒和废物容器。

8）根据任何适用的法律法规处理受污染的衣服、鞋子、空容器等。

▌4.5.2 逆向工程基本训练

1. 三维扫描仪基本训练（以 HandyScan 700 型扫描仪为例）

（1）检查扫描仪系统部件是否齐全，进行系统连接

①将电源插入插座；②将电源连接到 USB 电缆；③将 USB 电缆连接到计算机；④将 USB 电缆的其他末端连接到扫描仪；⑤启动 VXelements。

（2）校准

1）双击"VXelements"图标进入系统，单击"配置—扫描仪—校准"选项，单击"获取"按钮。

2）将校准板放平，并移动扫描仪距离校准板 10 cm 左右。

3）按动扫描仪上的预览按钮，使十字激光对准校准板上的白色十字带状区域。

4）按动触发器，垂直移动扫描仪至距离校准板 60 cm 左右，重复操作，直至完成十个位置的测量。采用同样的方法对前后左右四个方向进行校准。

（3）扫描

1）贴定位标点：定位标点间距 100～150 mm，对曲面物体，标点需要适当加密。

2）在树状图中的选择"表面"选项，一般设定输入分辨率为 1～2。

3）单击"配置—扫描—配置"，并单击"自动调整"按钮，按动扫描仪上的扫描按钮，调整扫描仪距离工件距离。

4）单击"扫描中—扫描表面—扫描中"，开始扫描面，单击"扫描中""最优化表面"，停止扫描并保持结果。

2. 3D 打印机基本训练（以 Objet30 型光固化成型 3D 打印机为例）

（1）启动 Objet30 打印机

打开位于打印机背部的主电源开关。主电源开关开启打印机，包括内置计算机。在打印机计算机桌面上双击打印机图标。显示打印机界面屏幕，如图 4-35 所示。打印机的所有监控和控制均在此界面完成。

（2）加载模型材料盒和支撑材料盒

打印机使用两个模型材料盒和两个支撑材料盒，每盒满重 1 千克。所装载材料盒的图示及其当前重量显示在打印机界面。

（3）生产模型

打印机生产模型的方式是打印在应用程序中，准备从其中发送到打印机的托盘文件。

（4）打印停止后恢复生产

如果打印过程中断，应用程序会停止向打印机发送切片。例如，如果打

印材料在打印作业中途耗尽，但不想立即更换空材料盒，则可能会发生这种情况。在打印机更改为待机或闲置模式之后，需要从作业管理器屏幕恢复打印。

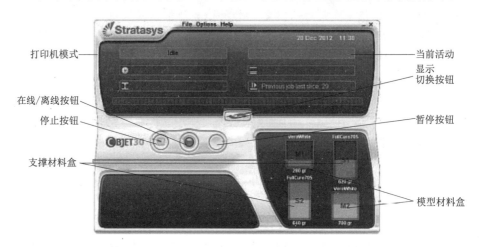

图 4-35　打印机界面

（5）更换模型材料

在使用与当前安装的模型材料类型不同的材料生产模型之前，请运行材料更换向导以冲洗打印模块和进料管。

（6）关闭打印机

只有在一个星期或更长时间内不使用时，才需要关闭打印机。

3. 熔融沉积型 3D 打印机基本训练（以北京太尔时代 S250 型 3D 打印机为例）

1）打印机开机（电源开关位于机器后方）。

2）双击桌面上打印软件图标（见图 4-36）进入打印界面。

图 4-36　软件桌面图标

3）单击"文件—三维打印—连接"命令连接操作界面（见图 4-37）。

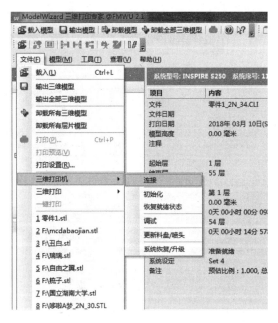

图 4-37　连接操作界面

4）单击"文件—三维打印—初始化"命令，机器自动运行至机械原点（可按机器后方红色复位开关）。初始化操作界面如图 4-38 所示。

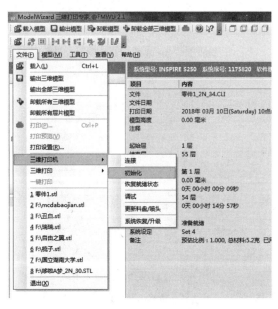

图 4-38　初始化操作界面

5）单击"文件—载入"命令，加载自己已保存的 STL 模型。载入模型操作界面如图 4-39 所示。

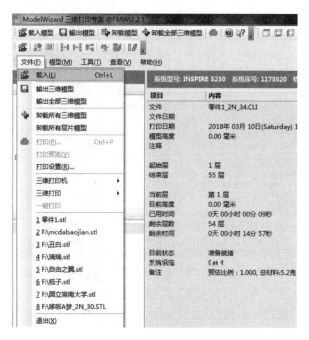

图 4-39　载入模型操作界面

6）单击"模型—自动布局"命令，使模型放上平台。自动布局操作界面如图 4-40 所示。

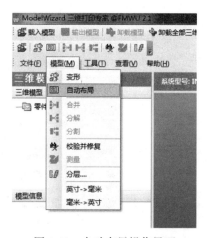

图 4-40　自动布局操作界面

7）单击"工具—几何变形"命令，用来改变打印模型尺寸。几何变形操作界面如图 4-41 所示。

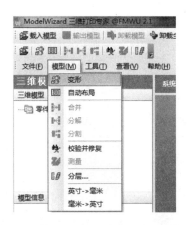

图 4-41　几何变形操作界面

8）单击"模型—分层"命令，对模型进行分层。分层操作界面如图 4-42
所示。

图 4-42

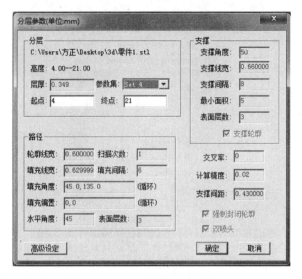

图 4-42　分层操作界面（续）

9）单击"文件—三维打印—预估打印"命令，查看打印时间。预估打印操作界面如图 4-43 所示。

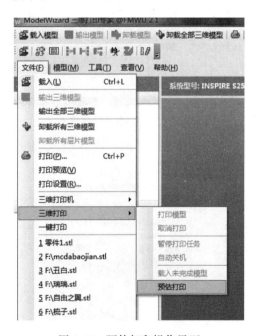

图 4-43　预估打印操作界面

10）单击"文件—三维打印—打印模型"命令。打印模型操作界面如图 4-44 所示。

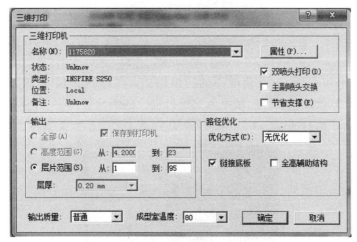

图 4-44　打印模型操作界面

■ 4.5.3　三维扫描仪拓展训练

1. 准备工作

根据步骤完成三维扫描仪连接后，启动 VXelements 软件，启动过程中没有任何错误提示，则三维扫描仪连接成功。如有错误提示，则需要关闭软件，再弹出三维扫描仪，最后拔出 USB 电缆，重新连接。

2. 训练实例 1

1）对需要扫描的实物贴定位标点，贴好以后如图 4-45 所示。

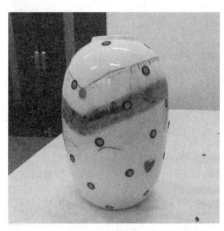

图 4-45　粘贴好定位标点的扫描实物

2）单击 VXelements 软件中的扫描按钮，三维扫描仪状态如图 4-46 所示，状态灯显示绿色，然后按一下三维扫描仪的圆形按钮，状态灯显示红色，此时就可以开始扫描。

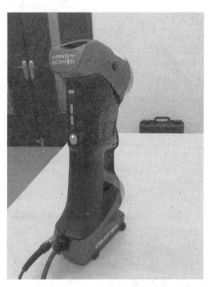

图 4-46　三维扫描仪状态

3）扫描过程如图 4-47 所示，实物和三维扫描仪均可以任意移动，注意两者之间的距离必须保持在合适范围内，软件显示左侧有颜色条代表距离远近，绿色代表适中，红色代表太近，蓝色代表太远，扫描过程中按三维扫描仪圆形按钮即可暂停。

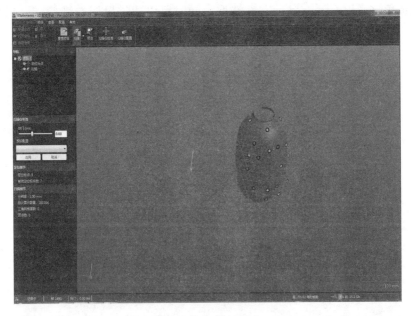

图 4-47　扫描过程中

4）扫描完成以后，先按三维扫描仪的圆形按键，暂停扫描，然后单机软件上的扫描按键就完成了模型的扫描，扫描完成后的模型如图 4-48 所示。

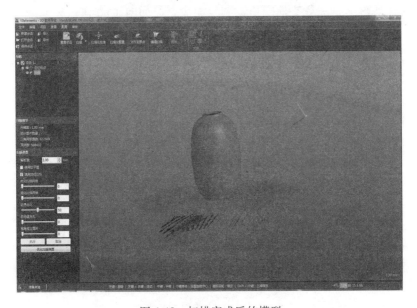

图 4-48　扫描完成后的模型

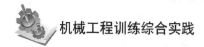

5）模型扫描完成以后，可以对模型扫描过程中扫进去的多余部分进行删除，首先单击编辑扫描按钮，此时可以选取需要删除的部分，选中的部分会变成黄色，通过 Ctrl＋鼠标左键选取，同时可以通过鼠标左键旋转，鼠标中键平移辅助选取，如图 4-49 所示。

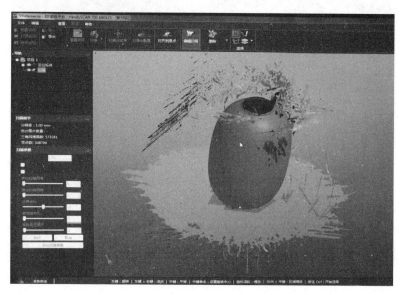

图 4-49　编辑扫描

6）多余部分选取完成后，单击删除按钮即可删除选中部分，一般需要重复多次才能将多余部分全部删除，删除完成之后如图 4-50 所示。

图 4-50　删除完成以后的模型

7）删除完成以后就可以保存模型，进行下一步工作。

3. 训练实例 2

1）对需要扫描的实物贴定位标点，贴好以后如图 4-51 所示。

2）单击 VXelements 软件中的扫描按钮，三维扫描仪状态如图 4-46 所示，状态灯显示绿色，然后按下三维扫描仪的圆形按钮，状态灯显示红色，此时就可以开始扫描。

3）扫描过程中实物和三维扫描仪均可以任意移动，注意两者之间的距离必须保持在合适范围内，软件显示左侧有

图 4-51　实例 2 实物

颜色条代表距离远近，绿色代表适中，红色代表太近，蓝色代表太远，扫描过程中按一下三维扫描仪圆形按钮即可暂停，如图 4-52 所示。

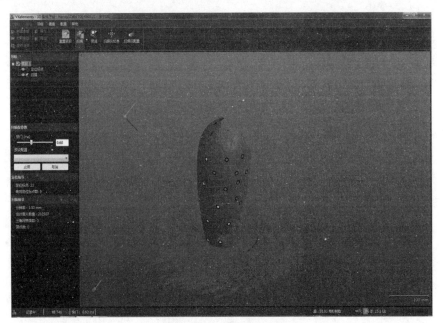

图 4-52　扫描过程中

4）扫描完成以后，先按三维扫描仪的圆形按键，暂停扫描，然后单机软件上的扫描按键就完成了模型的扫描，扫描完成后的模型如图 4-53 所示。

5）模型扫描完成以后，可以对模型扫描过程中扫进的多余部分进行删除，首先单击编辑扫描按钮，此时可以选取需要删除的部分，选中的部分会变成黄色，通过 Ctrl＋鼠标左键选取，同时可以通过鼠标左键旋转，鼠标中

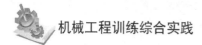

键平移辅助选取，如图 4-54 所示。

6）多余部分选取完成后，单击删除按钮即可删除选中部分，一般需要重复多次才能将多余部分全部删除，删除完成之后如图 4-55 所示。

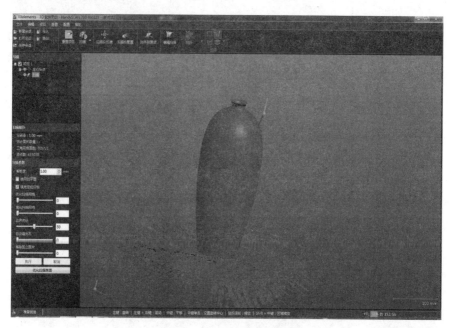

图 4-53　扫描完成后的模型

图 4-54　编辑扫描

图 4-55　删除完成以后的模型

7）删除完成以后就可以保存模型，进行下一步工作。

3．训练实例 3

1）对需要扫描的实物贴定位标点，贴好以后如图 4-56 所示。

图 4-56　实例 3 实物

2）单击 VXelements 软件中的扫描按钮，三维扫描仪状态如图 4-46 所示，状态灯显示绿色，然后按一下三维扫描仪的圆形按钮，状态灯显示红色，此时就可以开始扫描。

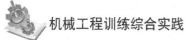

3）扫描过程如图 4-57 所示，实物和三维扫描仪均可以任意移动，注意两者之间的距离必须保持在合适范围内，软件显示左侧有颜色条代表距离远近，绿色代表适中，红色代表太近，蓝色代表太远，扫描过程中按一下三维扫描仪圆形按钮即可暂停。

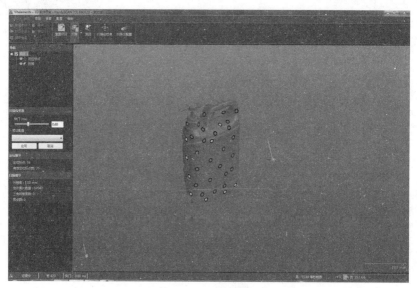

图 4-57　扫描过程中

4）扫描完成以后，先按三维扫描仪的圆形按键，暂停扫描，然后单机软件上的扫描按键就完成了模型的扫描，扫描完成后的模型如图 4-58 所示。

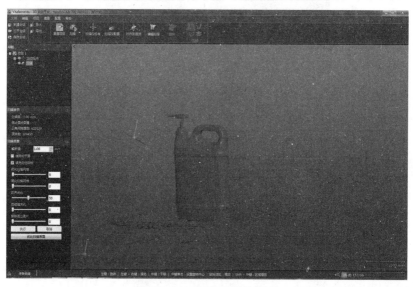

图 4-58　扫描完成后的模型

5）模型扫描完成以后，可以对模型扫描过程中扫进的多余部分进行删除，首先单击编辑扫描按钮，此时可以选取需要删除的部分，选中的部分会变成黄色，通过 Ctrl＋鼠标左键选取，同时可以通过鼠标左键旋转，鼠标中键平移辅助选取，如图 4-59 所示。

图 4-59　编辑扫描

6）多余部分选取完成后，单击删除按钮即可删除选中部分，一般需要重复多次才能将多余部分全部删除，删除完成之后如图 4-60 所示。

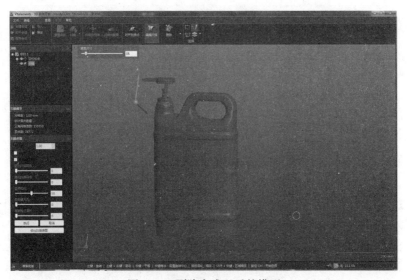

图 4-60　删除完成以后的模型

7）删除完成以后就可以保存模型，进行下一步工作。

4. 训练实例 4

1）对需要扫描的实物贴定位标点，贴好以后如图 4-61 所示。

图 4-61　实例 4 实物

2）单击 VXelements 软件中的扫描按钮，三维扫描仪状态如图 4-46 所示，状态灯显示绿色，然后按一下三维扫描仪的圆形按钮，状态灯显示红色，此时就可以开始扫描。

3）扫描过程如图 4-62 所示，实物和三维扫描仪均可以任意移动，注意两者之间的距离必须保持在合适范围内，软件显示左侧有颜色条代表距离远近，绿色代表适中，红色代表太近，蓝色代表太远，扫描过程中按一下三维扫描仪圆形按钮即可暂停。

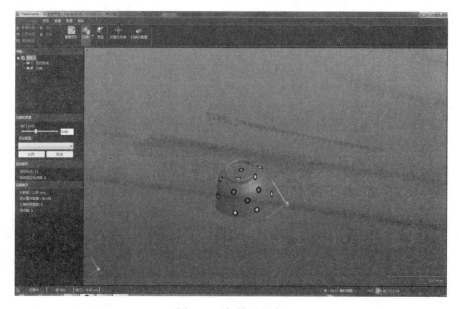

图 4-62　扫描过程中

4）扫描完成以后，先按三维扫描仪的圆形按键暂停扫描，然后单机软件上的扫描按键就完成了模型的扫描，扫描完成后的模型如图 4-63 所示。

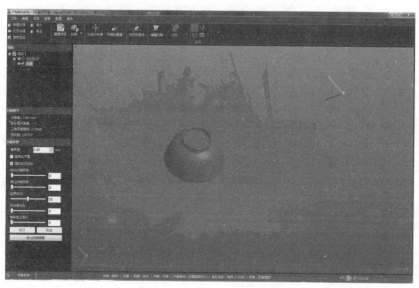

图 4-63　扫描完成后的模型

5）模型扫描完成以后，可以对模型扫描过程中扫进去的多余部分进行删除，首先单击编辑扫描按钮，此时可以选取需要删除的部分，选中的部分会变成黄色，通过 Ctrl＋鼠标左键选取，同时可以通过鼠标左键旋转，鼠标中键平移辅助选取，如图 4-64 所示。

图 4-64　编辑扫描

6) 多余部分选取完成后，单击删除按钮即可删除选中部分，一般需要重复多次才能将多余部分全部删除，删除完成之后如图 4-65 所示。

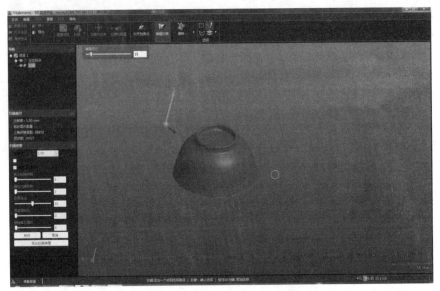

图 4-65 删除完成以后的模型

7) 删除完成以后就可以保存模型，进行下一步工作。

4.6 三坐标测量仪训练

■ 4.6.1 三坐标测量机实习安全规范与维护保养

1. 三坐标测量机安全操作注意事项

1) 在确信具备三坐标测量机操作资格证书后方可操作三坐标测量机。

2) 测量工件时请不要远离测量机，如需要中途休息，应首先停止测量工作，将测头移动到安全位置，同时按下急停开关，方可休息。

3) 不可依靠在测量机任何部件上，亦不可坐在工作台上。

4) 测头系统是测量机的重要部件，请妥善保管。安装、拆卸测头时应轻拿轻放，任何不正规操作都可能造成测头损坏。

5) 手动操控测量机移动时应尽可能保持匀速移动，避免忽快忽慢，更不要试图让测量机急速反向移动。

6) 手动操控测量机测量时应尽可能采用低速移动。

7) 在放置或取下被测工件前请将设备回到零位，移动、翻转被测工件时应注意保护工作台面和导轨，避免擦伤、碰撞。

8）运行测量程序前请检查机器所在位置是否安全，运行程序时选择测针位置是否会发生碰撞，确认已建立正确的坐标系，如不能确定请再次细心检查坐标系的正确性，也可以采用低速、单步运行程序模式检查坐标系是否正确。

9）测量小孔或狭槽之前请确认回退距离是否设置适当。

10）请不要私自拆卸测量机，避免造成更大损失。

2. 三坐标测量机安全操作规程

（1）开机步骤

1）用医用脱脂棉或无纤维软布蘸少量 120 号航空汽油清洁导轨（含汽油量以擦洗导轨立面时不向下流出为宜）。

2）检查测量空间内是否有障碍物阻碍机器回零。

3）打开设备总气路，检查气源是否正常，压力表的工作压力不应小于 5.5 bar（0.55 MPa）。

4）打开控制柜电源。

5）打开计算机，启动 AC-DMIS 测量软件（UCC 控制系统，先打开 UCC SERVER）。

6）打开控制柜及操纵盒上的急停开关（检查设备上急停开关是否打开）。

7）旋转测头到 A0B0 位置，将机器回到零位，开始测量工作。

（2）关机步骤

1）将机器回到零位。

2）旋转测头到 A90B180 位置。

3）按下操纵盒和控制柜上的急停开关。

4）退出 AC-DMIS 测量软件。

5）关闭计算机。

6）关闭控制柜电源。

7）关闭设备总气路。

3. 三坐标测量机日常维护与保养

（1）每日维护

1）每日开机前用干净的医用脱脂棉或无纤维软布蘸少量 120 号航空汽油清洁导轨和工作台（含汽油量以擦洗导轨立面时不向下流出为宜），严禁汽油流到光栅尺表面。

2）检查导轨表面是否有划伤或异物出现。

3）检查各级压缩空气过滤器及时排放掉滤出的水和油污。

4）观察设备是否有异响或其他异常情况出现。

（2）每月维护

1）检查光栅尺表面是否有异物，使用干净、干燥的无纤维软布清洁光栅尺表面。

2）检查控制柜上的散热风扇转动是否正常，清理风扇滤网上的灰尘。打开控制柜侧面板检查控制器温度是否正常，如果温度过高，请通知西安爱德华测量设备有限公司进行维护。

（3）季度维护

1）检查各级压缩空气过滤器滤芯堵塞，必要时需更换过滤器滤芯，建议半年更换一次滤芯。

2）检查读数头状态是否处于显示绿灯状态，如处于红灯状态请及时通知西安爱德华测量设备有限公司进行维修。

（4）年度维护

1）调整设备运行参数，保证设备运行平稳。

2）复检设备精度，满足测量要求。

▌4.6.2　三坐标测量基本训练

1. 三坐标测量机的基本操作

（1）三坐标测量机的初始化

在开始操作坐标测量机前，请做好以下工作：

1）确保相关的电缆、开关正确。

2）确保空气供应连接好。

3）确保坐标测量机的清洁。

4）步骤：打开电源→打开计算机→双击 AC-DMIS 软件快捷图标。

测头装配

（2）选择安装测头并对测头进行校验

在 AC-DMIS 图标上双击打开 AC-DMIS 软件。

1）测针的选配组合及安装应根据被测工件的具体测量要求选配合适的测针或测针组合，所考虑的因素主要为测针长度及有效测量长度、测球直径、测针组合形式、加长杆的选用等，最终选择的测针组合既要符合测头座及测头的负载要求，又便于实际测量。配好的测针之间的螺纹连接以及测针组与测头间的螺纹连接不能松动，但也不要太紧以免对测头造成损伤。

2）测针选择。为了保证测针触点的精确性，推荐：①尽量选择短测针；②尽量减少连接件的数量；③选用尽可能大的测球；④选择适当材料的测球：红宝石测球适用于大多数情况，但不适用于在铝质和铸铁工件表面进行扫描；氮化硅测球适应于在铝制工件表面进行扫描，但不适用于在钢工件表面进行扫描；氧化锆测球适应于在铸铁工件表面进行扫描。

3）定义测头。测头功能对话框中的测头说明区域能用来定义零件程序中的测头、延长杆、测针。测头说明下拉菜单显示了以字母顺序排列的可用测头选项。

2. 零件的特征元素测量

（1）建立零件坐标系

其目的是：

1）满足检测工艺的要求。

2）满足同类批量零件的测量。

3）满足装配、加工和设计中基准的建立。

（2）用 3－2－1 法建立零件坐标系

建立坐标系要按三个步骤进行：空间旋转、旋转轴、设置原点。

1）测量平面，零件找正。

在采点前确认 AC-DMIS 设定为程序模式。选择命令模式图标。在顶曲面上采三个测点。这三个测点的形状应为三角形，并且尽可能向外扩展。在采第二个测点后按 END 键。AC-DMIS 将显示特征标识 和三角形，指示平面的测量。

单击菜单"插入—坐标系—新建"命令，打开坐标系功能对话框，如图 4-66所示，选择平面1，在"空间旋转"按钮左侧下拉框选择＋Z，单击"空间旋转"按钮。

图 4-66　坐标系对话框

2）锁定旋转方向。

要测量直线，在零件的边线上采两个测点，零件左侧的第一个测点和零件右侧的第二个测点。如图 4-67 所示，测量特征时方向非常重要，因为AC-DMIS使用该信息来创建坐标轴系统。在采第二个测点后按 ENTER 键。AC-DMIS将在"图形显示"窗口中显示特征标识和被测直线。

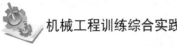
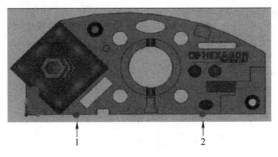

图 4-67 测量直线

在特征列表里单击直线 1 并使其突出显示，在"旋转到"下拉列表里选择"X+"，如果不是，可以在下拉列表里进行选择。在"围图 4-67 测量直线绕"右面下拉框里选择"+Z"，然后单击"旋转"。

在特征列表里单击直线 1，勾选"原点"按钮上方的"Y"复选框，单击"原点"按钮。

3）设置原点在上面零件左侧边缘测量一个矢量点，得到特征点 1，就能用于设定 X 轴原点。

以上是用一个例子讲述用 3－2－1 法建立坐标系的过程。同时也叙述了手动测平面、直线、和点的过程。

（3）手动测量特征元素

1）手动测量点：依次单击"基本测量"菜单的"几何元素"子菜单中的"点"，如图 4-68 所示。用手操纵探头缓慢移动到要采集点的曲面的上方，尽量确保点的方向垂直于曲面。测点数量将在 AC-DMIS 界面左下方工具状态栏显示。

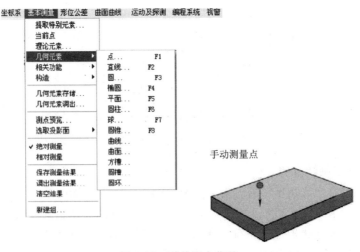

图 4-68 手动测点步骤

2）手动测量平面。依次单击"基本测量"菜单的"几何元素"子菜单中的"平面"。用手操纵探头缓慢移动逼近平面上第一点，然后接触曲面并记录该点。确定平面的最少点数为 3。重复以上过程，保留测点或删除一个坏点等。

3）手动测量直线。依次单击"基本测量"菜单的"几何元素"子菜单中的"直线"。用手操纵探头缓慢移动逼近要采集的第一点，测头沿着逼近方向在曲面上采集点，重复这个过程采集第二个点或更多点，如图 4-69 所示。如果操作者要在垂直方向上创建直线，采点的顺序非常重要，起始点到终止点决定了直线的方向。确定直线的最少点数为 2 点。

4）手动测量圆。依次单击"基本测量"菜单的"几何元素"子菜单中的"圆"。AC-DMIS不需要提前预知内圆或外圆的直径，将自动探测特征上采集的点。用手操纵探头缓慢移动逼近要采集的第一点，AC-DMIS 将保存

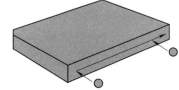

图 4-69　直线的测量

在圆上采集的点，因此采集时的精确性及测点均匀间隔非常重要。如果要重新采集测点，单击测头系统上的"删除"键删除测点重新采集。确定圆的最少点数为 3，如图 4-70 所示，一般采集 4 点。一旦所有点数被采集，单击测头系统上的"确定"键或在软件界面中构建圆。

5）手动测圆柱。依次单击"基本测量"菜单的"几何元素"子菜单中的"圆柱"。圆柱的测量方法与测量圆的方法类似，只是圆柱的测量至少测量两层，如图 4-71 所示。必须确保第一层圆测量时点数足够再移到第二层。计算圆柱的最少点数为 6（每截面圆 3 点）。控制创建的圆柱轴线方向规则与直线相同，为起始端面圆指向终止端面圆。

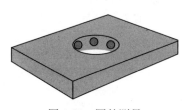

图 4-70　圆的测量

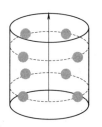

图 4-71　圆柱的测量

任何坏点可以通过单击测头系统上的"删除"按钮删除测点重新采集。一旦所有的点数采集完毕，单击测头系统上的"确定"按钮或在软件界面中构建圆柱。

6）手动测圆锥。圆锥测量的软件辨别与圆柱相同。

AC-DMIS 可以只能判别出不同的直径大小。要计算圆锥，AC-DMIS 需要确定圆锥的最少点数 6 点（每个截面圆 3 点）。确保每个截圆点数在同一高度。测量第一组点集合，将第三轴移动到圆锥的另一个截面上测量第二个截

面圆，如图 4-72 所示。如遇任何坏点则删除重新采集。

7）手动测球。测量球与测量圆相似，还需要在球的顶点采集一点，允许 AC-DMIS 计算球而不是计算圆。AC-DMIS 需要的确定特征的最少点数为 4，其中一点需要采集在顶点上，如图 4-73 所示。任何坏点可以通过单击测头系统上的"删除"键删除测点重新采集。一旦所有的点数采集完毕，单击测头系统上的"确定"键或在软件界面中构建圆球面。

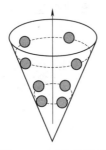
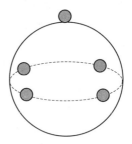

图 4-72　圆锥的测量　　　　　图 4-73　球的测量

3. 零件的尺寸与特征元素的间接测量

当需要的元素不能直接测量（如两个边的交点）时，可以用构造或者相关计算方法，软件的构造功能如图 4-74 所示。

图 4-74　测量软件的构造功能

（1）构造特征点

构造特征点（如相邻直线的交点），先通过采集直线之后求交得到交点。

（2）构造分度圆直径

用 4 个孔构造分度圆直径的步骤如下：

1）测量 4 个圆（已测得的）。

2）单击组合元素按钮 ![按钮]。

3）单击 ![图标] 构造圆。

4）从列表中选择圆 1、按钮圆 2、按钮圆 3、按钮圆 4。

5）单击"确定"按钮。

（3）用平面和圆锥构造 3D 相交圆。

1）测量圆锥。

2）测量平面。

3）在"相关计算"工具栏中单击 📧。

4）在列表框中选择圆锥和平面。

5）利用圆锥的轴线和平面计算出刺穿点。

6）应用所需的公差。

以上为几个典型型特征的构造方式，其他的与此类似，在此不再累述。

4. 形位公差的评价

形位公差：形状与位置公差简称形位公差。AC-DIMS 软件中可以处理的形状与位置公差项目包括直线度、平面度、圆度、圆柱度、曲线轮廓度、平行度、垂直度、倾斜度、对称度、同轴度（同心度）、位置度、径向跳动和端面跳动。

直线度、平面度、圆度、圆柱度、曲线轮廓度为形状公差，并显示评定图形。

平行度、垂直度、倾斜度为定向公差。

对称度、同轴度（同心度）、位置度为定位公差。

径向跳动、端面跳动为跳动公差。

除形状公差仅涉及被测要素自身之外，其他所有的形位公差项目均涉及被测要素及其与基准要素（或基准体系）的关系。

注意：用组合的方法获得的组合要素只能做为基准要素使用，如果将其做为被测要素则会导致错误。

术语与定义：

被测要素：需要进行形状公差、定向公差、定位公差、或跳动公差评定的实际要素。

测得要素：在实际测量条件下由测量所获得的要素。

基准要素：用来确定被测要素的几何理想方向或几何理想位置的理想要素，该要素的位置和方向由实际基准要素决定。

单一基准要素：由一个实际基准要素构成的基准要素。

组合基准要素：由两个或多个实际基准要素组合而成的一个基准要素。

三基面体系：多个实际基准要素按一定的先后次序关系构成的由三个相互垂直的理想平面组成的直角坐标系。

轮廓要素：由材料表面形成的要素。

中心要素：由轮廓要素的截面中心构成的要素。

形状公差：形状误差的最大允许值，它限制了被测要素相对其理想要素（线或表面）的偏离全量。

定向公差：定向误差的最大允许值，它限制了被测要素相对其理想要素（线或表面）的几何理想方向的偏离全量。

定位公差：定位误差的最大允许值，它限制了被测要素相对其理想要素（线或表面）的几何理想位置（包括几何理想方向和几何理想距离）的偏离全量。

5. 测量报告的输出与打印

（1）导出功能

把 CAD 模型文件转化成其他格式导出或导出实际测量数据。操作：单击"导出"选项并选择一种 CAD 模型文件的导出格式，如图 4-75 所示。

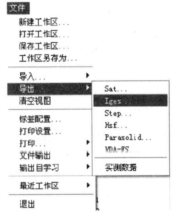

图 4-75　文件导出

弹出文件保存对话框，如图 4-76 所示，输入文件名并选择保存文件的路径，最后单击"保存"按钮。

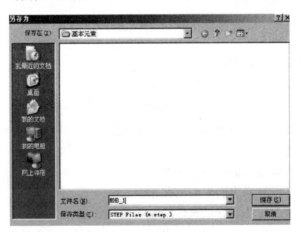

图 4-76　文件保存对话框

单击"导出—实测数据"，则弹出如图 4-76 所示对话框，输入文件名并选择保存文件的路径，最后单击"保存"按钮。导出文件分为导出 CAD 模型和导出实测数据。如图 4-75 所示，CAD 模型文件类型共有六种；如图 4-77 所示，实测数据格式共有四种。

图 4-77　实测数据格式

（2）打印设置

1）功能：设置输出报表的格式和具体内容。

2）操作：单击"文件"菜单的"打印设置"或单击"工具条"中的按钮。弹出"打印设置"对话框，如图 4-78 所示。

打印设置

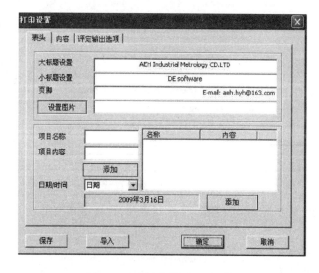

图 4-78　"打印设置"对话框

（a）页面设置。在此区域中可设置报表的大标题、小标题、页脚及公司标志图片。在大标题设置栏、小标题设置栏、页脚栏中输入内容。如果要添加公司标志图片则单击"设置图片"按钮，弹出文件打开对话框并选择一个BMP 格式的图片，设置图片中显示图片的路径和名称。如果要删除设置的图片，则将背景图片中的路径和名称删除即可。

注意：背景图片要求高度不大于 229 像素、宽度不大于 580 像素。

（b）表头输出设置。如果需要表头则在此添加表头内容，在项目名称中输入标题，在项目内容中输入内容，然后单击"添加"按钮即可添加到列表中，如图 4-79 所示，选择合适的时间显示格式，单击"添加"按钮，输出的效果如图 4-80所示。

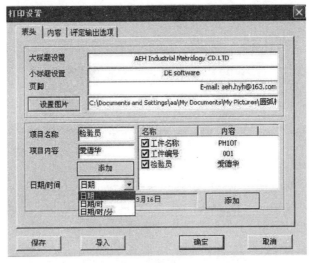

图 4-79　表头输出设置

图 4-80　表头输出样式

如果需要修改项目的内容，则在列表中双击要修改的项目并对其修改，如图 4-81 所示。

图 4-81　项目内容修改

如果需要删除哪一项或清空所有的项目则在列表中的任何一项上单击右键，在弹出菜单中选择"删除—全部清除"。

（c）输出内容设置。当需要输出元素的评定结果时，在此选择输出的评定项目，如图 4-82 所示。从表头切换到内容，内容中包含输出项目的选项，只需在项目前打钩即可。

文件输出

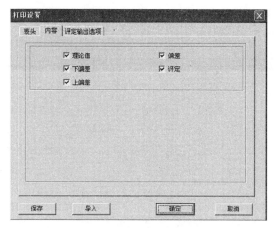

图 4-82　输出内容设置

注意：必须先对结果组中的元素进行评定设置，如图 4-83 所示。

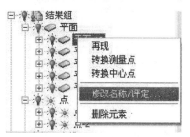

图 4-83　评定设置命令选择

单击"修改名称/评定"命令，弹出如图 4-84 所示的对话框，只有勾选了"输出"设置才有效。

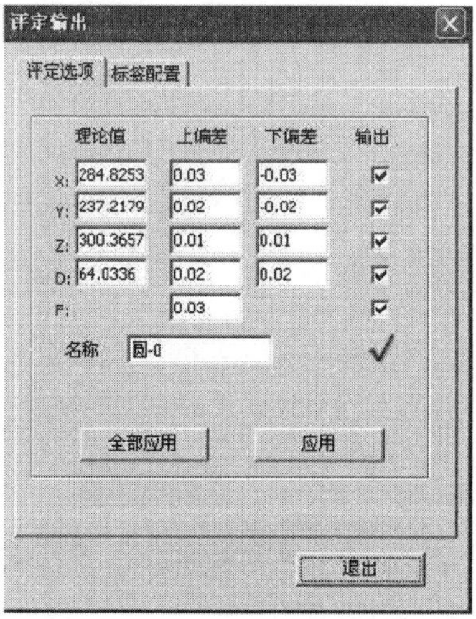

图 4-84　评定输出设置

131

（d）评定输出选项设置。

评定输出选项设置对话框如图 4-85 所示。

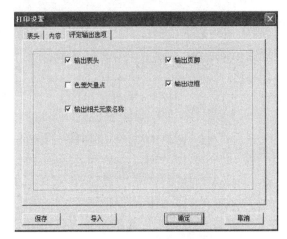

图 4-85　评定输出选项设置

输出表头：结果报告是否输出报表的表头。表头包括：大标题、小标题、标志图片和添加的项目。

输出页脚：结果报告是否输出报表的页脚。

色差矢量点：CAD 显示区矢量点的图形是否以球显示。选择后以球显示，不选择以两条交叉的线显示。设置后，单击"更新测量元素"，则图形改变。

输出边框：结果报告输出的评定内容是否有边框，也就是以表格形式输出。

第 5 章

纯净水制备及灌装生产训练

5.1 概　　述

现代化的纯净水制备及灌装生产线的最大特点是它的综合性和系统性，其中机械技术、电子电工技术、传感器测试技术、网络通信技术、化工工艺流程、材料科学等多项技术有机结合。系统性是指生产线的传感检测、传输与处理、控制、执行等在各处理单元的控制下系统协调的工作。

各专业学员可根据自己的专业知识有侧重的进行认知、熟悉、操作等来进行生产训练，例如机械相关专业的学员可重点关注各工段的机械原理、信号检测与动作之间的时序逻辑关系；电子、自动化、软件等相关专业的学员可重点关注自动化控制、安装、调试与维护等相关的感性和理性知识；化工、材料、环境等相关专业的学员可重点关注工艺流程及原理，仪器仪表的认识与操作等知识。

5.2 纯净水制备生产线

■ 5.2.1 训练任务与要求

1) 熟悉纯净水制备生产线的工艺流程。

2) 了解纯净水制备生产线的操作方法，小组成员可通过相互配合完成生产线的开机、运行及各单元的故障处理。

■ 5.2.2 训练安全操作规程

1) 纯净水生产线有非常多的水管、电线管，请注意避让，严禁踩踏。

2）生产线的供电线路和电气设备附近，禁止放易燃易爆危险品和腐蚀性化学药品。

3）开机操作前，需进行系统的操作培训或仔细阅读操作规程，操作时严格按照操作规程步骤进行操作。

4）操作时，对各按键、元器件和设备部件不得用力过猛，严禁强行启动按钮。

5）生产线出现漏水时，严禁继续操作，必须切断电源，进行漏水维修处理。

6）生产过程要做好生产记录，交班时要做好交班记录，维修时要做好设备维修调试记录。

7）添加和配置化学试剂时，要做好防护措施。若化学药剂沾上皮肤，立即用清水冲洗，若溅入眼睛，则立即送医院处理。

8）生产结束后，必须切断电源、水源后再进行设备及电气元件的清理。并清点好生产工具、设备及耗材。

■ 5.2.3　纯净水制备生产线操作规程

纯净水制备生产工艺如图 5-1 所示。

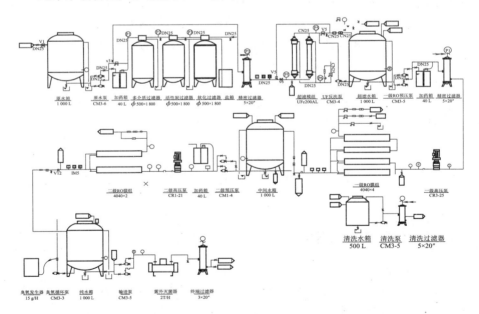

图 5-1　纯净水生产工艺流程图

1. 控制柜操作面板说明

图 5-2 为纯净水生产系统的控制柜示意图，其面板开关及仪表说明如下：

Abc 电流表：检测运行时各项电流的大小；

相电压：监测相电压；

触摸屏：屏幕操作时进行系统运行的参数监控、设定、及运行操作；

电源指示灯：指示系统 AC220 电源的供电；

系统电源开关：控制电路 AC220 电路供电；

万转开关：监测三相电路，转动开关后可通过相电压表读数；

原水运行：按下开关时，系统自动从原水箱向超滤水箱制水，指示灯在制水过程中点亮；

一 RO 运行：按下开关时，系统自动从超滤水箱向一级反渗透水箱制水，指示灯在制水过程中点亮；

二 RO 运行：按下开关时，系统自动从一级反渗透水箱向二级反渗透水箱制水，指示灯在制水过程中点亮；

输送：按下开关时，系统自动从二级反渗透水箱向后端设备恒压供水，指示灯在输送过程中点亮；

面板/屏：两档开关，当旋钮指向"面板"时，表示选择面板控制开关操作方式，当旋钮指向"屏"时，表示选择屏幕操作方式。

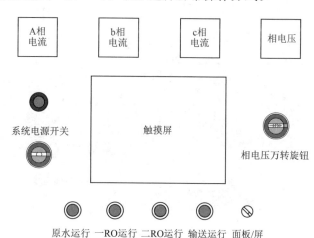

图 5-2　控制柜示意图

2. 开机准备

1) 开启水源，本系统设置了两个阀门控制水源，一个为自来水进入实训室的总阀门，另一个为自来水进入生产线的手动阀门。

纯净水控制
面板介绍

2) 开启电源，先合上空气开关，通过反转开关检测每相电压是否正常；启动系统电源，检查保险座指示灯，确认保险丝正常工作。

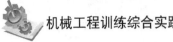

3) 旋转面板/屏开关选择操作方式，以下以选择屏幕操作的方式进行叙述。

4) 根据工艺流程要求，检查阀门是否按照要求开闭。

5) 开启一体机的远程控制系统。一体机与 PLC 可编程控制器是通过无线路由器（TP－LINK）连接，在一体机启动后观察网络连接，一体机是否与纯水设备的无线路由器已连接上，若已连接正常后双击桌面"SIMATIC WINCC"图标，进入图 5-3 界面为启动完毕。

原水工段

3. 单元操作规程

（1）原水单元

在图 5-3 单击"原水"，系统进入原水单元的操作界面，如图 5-4 所示。

原水运行：按下后原水段制水启动，电磁阀开启，原水泵工作。在生产线现场可观察到多介质过滤器、活性炭过滤器、软化过滤器、精密过滤器、入膜压力、浓水压力等压力指示表示数上升，控制柜面板原水按钮灯亮，原水箱和超滤水箱水位变化。再次按下原水运行，则原水段停止制水。

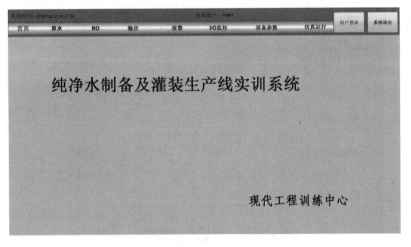

图 5-3 启动后的软件界面

原水补水：按下自来水进入生产线的电磁阀打开，对原水箱进行补水；再次按下，则停止对原水箱补水。

超滤膜反冲洗：按下"超滤膜反冲洗"，系统从超滤水箱通过超滤反洗泵对超滤膜进行反向冲洗；再次按下，则停止反冲洗。

超滤膜正冲洗：按下"超滤膜正冲洗"，系统从原水箱泵水对超滤膜进行正冲洗；再次按下，则停止冲洗。

模式 1：系统制水的流程为原水→多介质过滤器→活性炭过滤器→软化过

滤器→精密过滤→超滤→超滤水箱。

模式 2：系统制水流程为原水→多介质过滤器→活性炭过滤器→软化过滤器→精密过滤器→超滤水箱。

模式 3：系统制水流程为原水→精密过滤器→超滤→超滤水箱。

1）开启原水运行。

原水运行的条件：原水箱水位超过 20％，超滤水箱低于 40％；最小供水水压 0.15 MPa，含盐量≤500 mg/L。

原水补水允许处于打开状态。

2）根据原水水质的参数，进行絮凝剂添加的判断，不加絮凝剂时，关闭絮凝剂加药泵。

3）预处理单元需进行再生和冲洗时，禁止开启原水运行。

4）原水运行有三种模式，更换模式时须按照水质要求进行监测。如原水氯含量高，采用模式 3 处理后，其氯含量变化不大时，则超滤水箱产水不能进入 RO 系统。

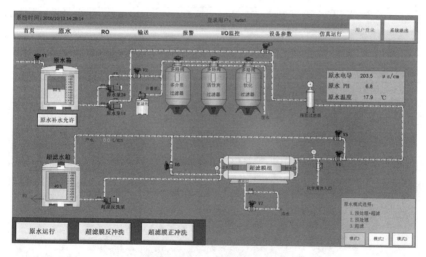

图 5-4　原水单元操作界面图

（2）反渗透单元

在图 5-3 单击"RO"，系统进入反渗透单元的操作界面，如图 5-5 所示。

一级 RO 启动：按下则一级反渗透段制水启动。一级 RO 指示灯点亮，相应电磁阀、预压泵、增压泵开始工作，超滤水箱

RO 工段

和一级 RO 水箱水位变化，浓水、产水、回水流量计开始示数变化；再次按下"一级 RO 启动"，该工段制水停止。

二级 RO 启动：按下则二级反渗透段制水启动。二级 RO 指示灯点亮，相应电磁阀、增压泵开始工作，一级 RO 水箱和二级 RO 水箱水位变化，产水、回水流量计开始示数变化；再次按下"二级 RO 启动"，该工段制水停止。

一级 RO 冲洗：按下则对一级 RO 膜组进行冲洗，再次按下，则停止冲洗。

二级 RO 冲洗：按下则对二级 RO 膜组进行冲洗，再次按下，则停止冲洗。

1）开启一级 RO 运行。

一级 RO 运行的条件：超滤箱水位超过 20%，一级 RO 水箱水位低于 40%；

一级 RO 的入膜压力处于 0.6～1.3 MPa 范围内，一级 RO 的浓水压力处于 0.6～1.3 MPa 范围内；

进水水质要求：pH 在 4～9 范围；硬度≤17 mg/L；总溶解性固体含量 TDS≤1 000 mg/L；SDI≤4；游离氯不得检出；TOC≤1 mg/L。

2）根据水质的硬度要求，判断是否加阻垢剂，在不需添加阻垢剂时，关闭加药泵。

3）开启精滤排气阀排气。

4）打开浓水排水阀。预压泵对应阀门必须打开。要时刻监测其压力和流量。

5）开启二级 RO 运行。

二级 RO 运行的条件：一级 RO 水箱水位超过 20%，二级 RO 水箱水位低于 40%。

二级 RO 的入膜压力处于 0.5～1.2 MPa 范围内，二级 RO 的浓水压力处于 0.5～1.2 MPa 范围内。

注意 pH 值，若不符合设备运行参数时，需开启加药泵进行调节 pH 值。

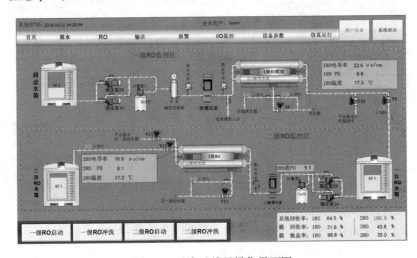

图 5-5　反渗透单元操作界面图

（3）输送单元

在图 5-3 单击"输送"，系统进入输送消毒单元的操作界面，如图 5-6 所示。

输送工段

臭氧循环：按下则采用臭氧消毒，往水里面添加臭氧。

输送：按下输送段启动，输送指示灯点亮，按设定压力恒压输送，输送变频器频率会根据压力变送器反馈的压力值自动调节，紫外灯自动开启。

输送水箱选择：默认是二级反渗透水箱。按下一级水箱，切换到一级反渗透水箱，此时须到生产线进行阀门的手动切换。

1）开启输送。

单击输送后，默认选取的灌装水源为二级反渗透水箱。

若选取一级 RO 为灌装水源时，输送泵对应阀门打开。输送的条件为对应输送水箱的水位超过 20%。

2）选择紫外灯消毒时，须关闭臭氧循环。

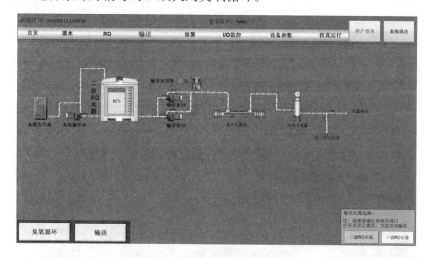

图 5-6　输送单元操作界面图

（4）其他操作界面说明

在图 5-3 单击"报警"，系统进入报警操作界面，如图 5-7 所示。

报警界面

显示报警内容有：

1）FR1—FR11 保护：泵对应的电流过载；应采取措施：检查相应泵及相关电路，再按下控制柜内的 RESET。

2）变频器报警：输送泵异常；应采取措施：检查变频器的故障代码。

3）水箱缺水报警：对应水箱缺水；应采取措施：进行补水。

4）托盘有余水报警：托盘有水；应采取措施：清除托盘上余水，并检查是否有水管漏水。

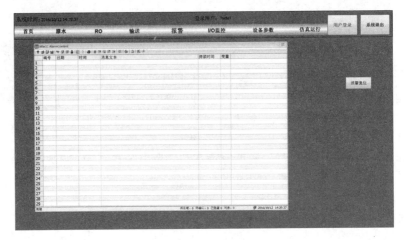

图 5-7   报警界面图

在图 5-3 单击"参数",系统进入系统界面,如图 5-8 所示。

图 5-8 中,蓝底为设定参数,灰底为实际反馈参数。第一栏的左侧参数为低位参数,中间参数为高位参数,右侧参数为实际反馈参数。

一级、二级 RO 电导上限:当水质高于设定值时,产水将不进入下一级水箱。

冲洗时间:系统运行自动进行冲洗的时间。

输送恒压:变频输送的恒压值。

出厂参数恢复:按下可恢复参数至出厂原始设置。

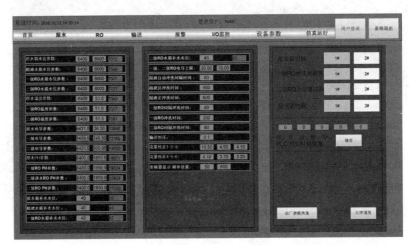

图 5-8   系统参数界面图

(5)纯净水制备生产线维护及清洗规程

1)精密过滤器滤芯清洗。

精密过滤器芯应经常清洗,视原水水质与使用情况 1~3 个月需清洗或更换。

具体操作步骤为：旋开精密过滤器顶部螺丝，取下过滤盖。取出精密过滤器滤芯，本系统精密过滤器内含 5 个滤芯，用高压自来水冲洗滤芯外部数分钟。将滤芯置于纯净水中浸泡 30 min 后，用纯水冲洗干净。将滤芯重新装入精密过滤器。

若采用上述方法清洗后，过滤效果没有改善，则应该更换滤芯。

2）超滤膜清洗。

超滤膜常规清洗：在控制屏上打开超滤膜反冲洗，反冲洗的条件是超滤水箱水位超过 40％；反冲洗数分钟后，关闭超滤膜反冲洗，打开超滤膜正冲洗，正冲洗的条件是原水箱水位超过 40％，且原水运行处于停止运行状态；正冲洗数分钟中，关闭超滤膜正冲洗。

当超滤膜采用常规清洗后，处理效果没有改善时，需采用化学药剂清洗。超滤膜化学清洗操作步骤如下：

第一步：配置碱性清洗液，对清洗水箱补水至 500 L，加入 1 kg 96％氢氧化钠，配置成 0.2％的碱性溶液，酸性溶液同理配置，清洗时先碱后酸。

第二步：开启 UF 清洗进水阀与清洗球阀，开启 UF 清洗，使清洗液经过清洗泵、清洗过滤器进入 UF 膜，从 UF 冲洗电磁阀排除，时间约为 5 min 或清洗药剂一半。

第三步：关闭 UF 清洗，关闭清洗球阀，浸泡 1 h，严重污染需浸泡 2～14 h。

第四步：再次开启清洗球阀，开启 UF 清洗，清洗完剩余清洗液。

第五步：关闭 UF 清洗，清洗球阀，开启 UF 反洗，时间约 5 min，关闭UF 反洗，开启 UF 正洗，时间约为 5 min。

第六步：配置酸性清洗液，对清洗水箱补水至 500 L，加入 5 L 36％盐酸配成 0.36％的酸性清洗液。

第七步：重复操作第 2～5 步。

3）反渗透膜清洗。

反渗透膜化学清洗的操作步骤如下：

第一步：配置清洗液。对清洗水箱补水至 240 L，加入 0.5 kg 96％氢氧化钠，配置成 0.2％的碱性清洗液；对清洗水箱补水至 200 L，加入 2 L 浓盐酸并混合均匀，配置成 0.36％的酸性清洗液；清洗时先碱洗后酸洗。

第二步：检查清洗回路相应阀门的开闭情况。开启清洗泵进出阀和回流阀，关闭 RO 排水阀。

第三步：循环清洗。开启 RO 清洗按钮，使配液依次经过清洗泵、清洗过滤器、RO 膜，再经过清洗回流阀流回清洗水箱，如此循环流过 RO 膜，循环时间 30 min 左右。

第四步：清洗液浸泡。停止 RO 清洗按钮，用清洗液浸泡膜组件约 5～12 h，若是轻度污染膜，则浸泡 1～2 h。

第五步：完成浸泡后，再次开启 RO 清洗按钮，循环清洗 30 min，开启排水球阀，排掉水箱药液，关闭化学清洗和清洗球阀，开启排水阀。

第六步：膜组件冲洗。单击控制屏 RO 冲洗，用合格超滤产水进行冲洗 5 min，待排放液为中性。

第七步：开启 RO 运行进行正常制水。

4) 系统故障及处理方法。

表 5-1 纯净水生产系统故障及处理方法

序号	故障	原因	处理措施
1	开关打开，但设备不启动	1. 线路故障（如保险坏，线脱落） 2. 保护组件保护后未复位 3. 水压不够	1. 更换保险，检查各处接线是否脱落 2. 保护组件复位 3. 检查水路，确保供水压力
2	启动后进水电磁阀未打开	1. 串线脱落 2. 电磁阀内部故障	1. 接线 2. 电磁阀修理或更换
3	系统压力升高时，泵噪声大	1. 泵反转 2. 保安过滤器滤芯堵塞 3. 泵内有空气 4. 冲洗电磁阀打开	1. 重新接线 2. 清洗或更换滤芯 3. 排除泵内空气 4. 待冲洗完毕后调整压力
4	系统压力升高时，泵噪声大	1. 原水流量不够 2. 原水水流不稳，有涡流	1. 检查原水泵和管路 2. 检查原水泵和管路是否有泄漏
5	冲洗后电磁阀未关闭	1. 电磁阀控制组件和线路故障 2. 电磁阀机械故障	1. 检查或更换组件和线路 2. 修复或更换电磁阀
6	欠压停机	1. 原水供水不足 2. 预处理堵塞	1. 原水管道太细，供水量太小，更换管道 2. 清洗预处理或更换滤芯
7	浓水压力不到额定值	1. 原水供水不足 2. 高压泵调节阀关闭较小	1. 提高供水压力或更换原管道 2. 将调节阀打开一些
8	压力足够，但压力表显示不到位	1. 压力软管内异物堵塞 2. 软管内有空气 3. 压力表故障	1. 检查、疏通管路 2. 排除空气 3. 更换压力表
9	膜前、后段压差过大	膜污染、堵塞	按技术要求进行清洗
10	水质变差	1. 膜污染、结垢 2. 膜接头密封老化失效 3. 膜穿孔	1. 按技术要求进行清洗 2. 更换 O 型密封圈 3. 更换膜
11	产量下降	1. 膜污染、结垢 2. 水温变化	按技术要求进行化学清洗

5.3　灌装生产线

5.3.1　训练任务与要求

1）熟悉灌装生产线的工艺流程；

2）了解灌装生产线的操作方法，小组成员能相互配合完成灌装线的开机、外冲洗、上桶、内冲洗消毒、灌装等各工段的手动操作。

5.3.2　训练安全操作规程

为保证灌装生产过程中的人员、设备和物资等安全，必须严格遵守灌装线安全操作规定。

1）所有灌装线设备开启前操作人员要严格检查其线路是否破损，检查无误后方可开机，开机后须检查无漏电且运转正常方可进行生产。

2）开启拔盖机、外刷机、压盖机等气动设备时，须认真检查是否有异物，是否有人员在危险区域内部，检查完毕后方可开机。

3）开启灌装前，需检查所有水箱的水位，并和纯净水生产线的供水部门进行调度，确保灌装水箱水位，严禁水泵空转。

4）生产线发生异常或故障时，若需打开防护门进行维护，一定注意停止设备运转，首先要保证人身安全。

5）生产线正常运行时，严禁将头、手伸向机械动作处或传送带。严禁打开电控柜门，以免发生触电危险。

6）生产线开启后，任何人员不得触摸设备的旋转部分。留有长发的学员必须盘好头发带上工作帽后才能进入灌装线生产区域，工作中不得将工作帽摘下。同时应把工作服系好袖口和衣扣。严禁穿拖鞋、戴手套和围巾操作设备。

7）生产过程要做好生产记录，特别是故障记录。

8）生产完毕后，班长要检查安全情况，并关闭电源、气源、水源。并把所有物资按区域摆放整齐。

5.3.3　灌装生产线操作规程

1. 开机准备

1）开启电源、检查电源指示灯是否处于点亮状态。

2）开启纯净水输送，调整输送压力为 0.02 MPa 左右。

3）开启压缩空气，压力为 0.6 MPa 左右。

4）打开生产线的防护门，检查所有循环泵的水箱水位保持中上，防止泵空转。

5）检查生产线是否存在漏水、漏气等现象。

6）检查完毕后，关闭生产线的防护门，在设备运转期间，严禁打开。

2. 单元操作规程

（1）上桶单元

上桶单元操作注意事项：

1）本系统的上桶工位只能人工上桶，上桶前检查桶内是否有余水，灌装线要求上空桶；再检查桶口是否带盖，若不带盖直接进入下一个工位。

2）上桶工位操作员须时刻注意拔盖工位的水桶是否卡桶，并注意上桶速度，不能造成拔盖工位空桶堆积。

（2）拔盖和外刷单元

图 5-9 是拔盖和外刷工位的操作面板。

面板上"电源"是系统电源指示灯；"急停"按钮：在紧急情况下按下可切断所有负载的输出；"自动/手动"切换开关：可进行手自动模式的切换，自动模式下生产线可实现自动拔盖和外刷，手动模式下课实现操作面板的单独操作。"输送"按钮：在手动模式下单独操作可控制传送带运转；"拔盖 *"按钮：在手动模式下单独操作可控制拔盖气缸动作；"抓盖—"按钮：在手动模式下单独操作可控制夹子气缸动作；"外刷挡桶 *"按钮：在手动模式下单独操作可控制后挡桶气缸动作；"水泵 O"：在手动模式下单独操作可控制推桶气缸、外刷刷子与清洗水泵依次运转。

拔盖和外刷工段

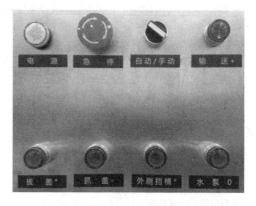

图 5-9　拔盖和外刷工位操作面板

（a）拔盖工位操作规程及注意事项。

自动操作规程：把"自动/手动"开关切换到自动模式即可。

手动操作规程：

1）把"自动/手动"开关切换到手动模式。

2）人工把带盖且没有水的空桶放置到拔盖抓手正下方，此过程一定要保证"拔盖""抓盖"和"输送"按钮都处于灯灭的状态。

3）按下"拔盖"按钮，"拔盖"按钮灯亮，拔盖气缸处于下行工作状态。

4）按下"抓盖"按钮，"抓盖"按钮灯亮，抓手气缸处于抓紧工作状态。

5）按下"拔盖"按钮，"拔盖"按钮灯灭，拔盖气缸处于上行工作状态。

6）按下"抓盖"按钮，"抓盖"按钮灯灭，抓手气缸处于打开工作状态。

（b）外刷工位操作规程及注意事项。

自动操作规程：把"自动/手动"开关切换到自动模式即可。

手动操作规程：

1）把"自动/手动"开关切换到手动模式；

2）按下"外刷挡桶"按钮；

3）按下"输送"按钮，等待水桶到达外刷挡杆位置处；

4）按下"水泵 O"按钮，清洗数秒后，再按下"水泵 O"按钮。

内冲洗和灌装
工段

（3）内冲洗消毒和灌装单元

图 5-10 是内冲洗消毒和灌装的操作面板。

面板上"电源"指示灯是系统电源的指示灯；"急停"按钮：在紧急情况下按下此按钮可切断所有负载的输出；"手动/自动"切换开关：自动模式下可实现内冲洗消毒和灌装单元的自动化运行，手动模式下可进行单独操作；"清洗泵 *"按钮：在手动下模式下可单独操作控制内冲洗水泵的运转；"灌装泵 *"按钮：在手动模式下可单独操作控制灌装泵运转；"理盖 *"按钮：在手动模式下可单独操作控制理盖电机运转；"主轴 O"按钮：在手动下模式下单独操作可控制主轴气缸动作；"顶桶＋"按钮：在手动模式下单独操作可控制顶桶气缸动作；"灌装阀—"按钮：在手动模式下单独操作，可实现灌装阀下压气缸与压盖气缸同时动作；"输送"按钮：在手动模式下单独操作可控制传送带运转。

（a）内冲洗消毒工位操作规程及注意事项。

自动操作规程：把"自动/手动"开关切换

图 5-10　内冲洗和灌装工位
操作面板

到自动模式即可。

手动操作规程：

1）把"自动/手动"开关切换到手动模式。

2）等待空桶进入主轴后，按下"主轴"按钮，等待主轴移动一个单位。

3）按下"清洗泵"按钮，"清洗泵"按钮灯亮，清洗水对空桶进行内部冲洗消毒，数秒后按下"清洗泵"按钮，水泵停止工作。

4）再按下"主轴"按钮，主轴继续平移。

5）再按下"主轴"按钮，主轴继续平移，水桶桶口呈现 45°向上；再按下"主轴"按钮，水桶落进顶桶气缸托盘。

（b）灌装工位操作规程及注意事项。

自动操作规程：把"自动/手动"开关切换到自动模式即可。

手动操作规程：

1）把"自动/手动"开关切换到手动模式。

2）待空桶进入顶桶气缸托盘后，按下"顶桶"按钮，顶桶气缸做推桶动作。

3）待顶桶气缸完成动作后，按下"灌装阀"按钮，灌装阀气缸下层扣紧水桶桶口。

4）按下"灌装泵"按钮，灌装水泵开始运作，等水位到达指定高度后，按下"灌装泵"按钮，再按下"灌装阀"按钮。

5）注意理盖机上是否有干净桶盖，若没有按"理盖"按钮，若有桶盖直接按"输送"按钮。

灌装生产线在炒作过程中，出现异常情况，立即按下"急停"按钮，打开防护门进行排查和维修。

3．关机注意事项

1）先检查所有控制面板的按钮处于停止工作状态。

2）检查主轴和高压水喷射口是否对准，若没有则应打开防护门手动对准。

3）先关闭电源开关，后关闭气源开关。

5.4 离线水质检测仪器操作规程

5.4.1 多参数水质分析仪

实训室配置的是美国哈希公司的多参数水质分析仪，型号为 DR3900，配套 COD 消解器型号为 DRB200，可直接用于分析 COD、TOC、余氯、硬度等近 100 个水质参数的分析。实训室的余氯采用该仪器进行测试，操作规程如下：

1）接通仪器电源，打开仪器开关，参照仪器使用说明书，选择测试程序。

2）准备好仪器配套的比色皿，并向比色皿中加入待测试样品。

3）将空白试管擦拭干净，放入样品池中，选择仪器清零。

4）去除比色皿，向比色皿中添加一包仪器配套的余氯测试药剂。

5）反复摇晃比色皿 20 s，混合均匀。

6）将比色皿放入样品池中，读数即可。

其他参数的测试方法，请参考哈希多参数水质分析仪的使用说明。

浊度仪

5.4.2　浊度仪

实训室配置的浊度仪是美国哈希公司的产品，型号为 2100N，其操作规程如下：

1）将待测试样加入到样品池至刻度线（约 30 mL）。操作时小心拿住样品池的上部。然后盖上样品池盖。

2）抓住样品池盖，用擦镜布插去样品池四周的水滴和手指印。

3）在样品池的顶部滴加一小滴硅油，并使其流向底部，使样品池壁覆盖一层薄薄的硅油。

4）确认已放入过滤器。将样品池放入仪器的样品池盒中，并盖上池盖。

5）按 PANGE 键，选择手动或自动。选择测量范围功能。

6）按 SIGNAL AVG 键，选择合适的信号平均模式设置（开或关）。

7）按 PAT10 键，选择合适的转换因子设置（开或关）。按 UNITS 键，选择合适的单位设置（FUN 或 NTU）。

8）读取并记录实验结果。

5.4.3　便携式水质参数分析仪

实训室配置的便携式水质参数分析仪是美国哈希公司的产品，型号为 HQ30D，可连接不同的电极，用于测试多种水质参数，如 pH 值、氧化还原电位（Oxidation Reduction Potention，简称 ORP）、电导率、盐度、总溶解度、溶解氧等。下面主要讲述 pH、电导率和 ORP 采用该仪器的测试操作规程。

1. pH 测试

1）阅读 pH 计说明书，准备好 pH 电极和测试仪主机，确保 HQ30D 主机有电。

2）将 pH 电极和测试仪主机相连接。

3）开启测试仪主机的电源键，并确保仪器设置在测试 pH 值档。

4）按照说明书设定检测精度、温度单位，并按照说明书进行 pH 标准液校准。

5）校准后，清洗电极，用滤纸吸干。

6）将电极插入测试溶液，低速搅动以快速得到结果。

7）当读数稳定后，记录数据。

8）清洗电极，用滤纸吸干后保存在保护液中，并关闭测试仪主机，取出电池。

2. ORP 测试

1）阅读 ORP 计说明书，准备好 ORP 电极和测试仪主机，确保主机有电。

2）将 ORP 电极和测试仪主机相连接。

3）开启测试仪主机的电源键，并确保仪器设置在测试 ORP 值档。

4）清洗电极，用滤纸吸干。

5）将电极插入测试溶液，低速搅动以快速得到结果。

6）当读数稳定后，记录数据。

7）清洗电极，吸干后保存在保护液中，并关闭测试仪主机，取出电池。

3. 电导率测试

1）阅读电导率计说明书，准备好电导率电极和测试仪主机，确保主机有电。

2）将电导率电极和测试仪主机相连接。

3）开启测试仪主机的电源键，并确保仪器设置在测试电导率值档。

4）清洗电极，用滤纸吸干。

5）将电极插入测试溶液，上下移动以消除气泡。

6）当读数稳定后，记录数据。

7）清洗电极，并关闭测试仪主机，取出电池。

水质参数
分析仪

■ 5.4.4 污泥密度指数（SDI）

污泥密度指数，SDI 也被称为污染指数，不同的膜组件要求进水的 SDI 值不同，在生产过程中要监测 SDI 值的变化情况。以下是 SDI 值的测试操作方法：

1）将 SDI 测试仪安装在 RO 系统的测试位置上。如果测试点在预处理系统后，那么当测试 SDI 值时，RO 系统应该正常运行，否则最后的测试结果就会无效。

2）开始时，SDI 测试仪内不能放 0.45 μm 微孔过滤膜。

3）测试仪连接完成后，打开测试仪上的阀门，让被测水直接流过测试仪几分钟。

4）关上阀门，用专用镊子放一张 0.45 μm 白色微孔过滤膜（亮的一边朝上）在测试仪的膜盒支撑板上并轻轻地压紧"O"型圈及膜盒上盖，拧上塑料螺丝，但不要太紧。

5）将阀门打开一部分，当水流过测试仪时，慢慢旋松一个或两个塑料螺丝，让水漫出测试仪，以逐出测试仪内的空气。

6）确定测试仪内已经没有空气后，轻轻旋紧塑料螺丝。完全打开阀门，将减压阀压力调节到 0.2 MPa，保持住该压力，关上阀门。整个测试期间，压力必须保持不变。

7）用合适的容器收集水样本。只要保证每次用同样的容量测试，容量的大小并不重要。容量可在 100～500 ml 之间。不同的容器都可用：例如量筒、大口杯、咖啡杯、可口可乐瓶等。一般考虑收集 500 ml 水样。

8）完全打开阀门，用秒表测量收集 500 ml 水样所需要的时间，并记录为 T（1）=_____s。收集完后，仍继续保持阀门打开，让水继续流出。

9）过 5 min 后再用秒表测量收集另一个 500 ml 水样所需要的时间并记录为 T（5）=_____s，过 10 min 及 15 min 后各做一遍同样的测试并分别记录为 T（10）和 T（15）。检测结束后，SDI 值就能被计算出来。有些水样数据采样可能要求延续到 T（20），T（30）甚至 T（60），当然这种水样是极少数的。

10）测定水温。在整个测试期间，水温必须保持一致。

11）SDI 值由下列公式计算得出：

$$SDI = 100P30/T_t = 100（1 - T_1/T_2）/T_t$$

式中：P30——0.2 MPa 进水压力下的堵塞指数；T_t——总的测试时间（分）通常为 T_{15}，此时 P30＜75％，不然测试 T_{10} 或 T_5，使此时的 P30＜75％。T_1——初始时收集 500 ml 水样所需的时间（s）。T_2——经 T_1（通常为 T_{15}，即 15 min）后收集 500 ml 水样所需的时间（s）。

第6章

现代陶艺训练

6.1 陶艺制作基本训练

6.1.1 教学目标、内容及准备

1. 教学内容

本课是以探索与实践为主要内容的教学，在实践的过程中使学生感受陶艺的独特美感与魅力，在陶艺创作中，学习制作技术，力争创作出具有艺术性和个性鲜明的陶艺作品。

2. 教学目标

1) 结合对陶瓷艺术的认识和感受，努力以创作表达自己的认识与感受。

2) 重点学习与陶艺创作相关的基础知识，了解和感受陶艺创作的特点和乐趣。

3. 教学重点

初步掌握泥板成型、泥条成型、捏塑、拉坯成型的几种基本技法。运用基本技法创作一件作品。

4. 教学难点

了解陶艺与其他艺术门类的关系，认识陶艺创作与生活的关系，使学生更加热爱生活。

5. 教学准备：陶艺创作的工具

（1）手感的意义

阐释"手"的人文含义，让学生建立对手的自信。

（2）陶艺的常用工具

工具是手的延伸，陶艺不应当被"工具化"，而是作为手的

练泥

辅助，最大限度的利用。

1）练泥机：电力转动，炼制泥料，使泥料更加紧密、均匀、增强粘性及可塑性。图6-1所示为真空练泥机。

图6-1　真空练泥机

2）转轮（转盘）：用于手工制作，大小规格视需求而定，如图6-2所示。

图6-2　转盘

3）碾锟：用润滑的硬木做成，用于压泥板和泥片，像擀面杖，如图6-3所示。

4）泥板机：压制泥板的简略机械设备，有两个圆锟，可调理泥片的厚薄，泥料在两者之间被挤压成所需求的泥片，如图6-4所示。

5）麻布和帆布：压泥时隔离用（压泥板和泥片时很适用，目的是使底板和泥片不会粘连），如图6-5所示。

6）刮片（铲刀）：大小宽度大约2～3.5 cm，如图6-6所示。

7）刮刀和修形刀：普遍为木制，也可用塑料或其他材料制成，是手工成型的必备工具，这些工具因其功用需求的多样性而具有各类外形（分叉的刀头），如图 6-7～图 6-9 所示。

图 6-3　碾锟

图 6-4　泥板机

图 6-5　帆布

图 6-6　刮片

图 6-7　木制雕塑刀

图 6-8　金属修坯刀

8）环形雕塑刀：用于挖空实心的器皿，亦可平坦外表，把手（普通木制）上装置各类外形的金属环，圆环用于削去多余的泥料，带角的环用于器

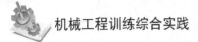

皿拐角及平坦外表，如器皿的平底，如图 6-10 所示。

图 6-9　木柄修坯刀

图 6-10　环形雕塑刀

9）陶拍、木铲：成型时用于整形，或拍打泥板、泥面等。常用木制（也可用方木替代），如图 6-11、图 6-12 所示。

图 6-11　木铲

图 6-12　陶拍

10）钢丝割线：用于切割泥块或拉坯成型的最终工序，从拉坯机上切割剥离陶瓷作品（产品），如图 6-13 所示。

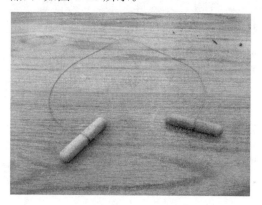

图 6-13　钢丝割线

11）圆规、杯、桶、盆、毛笔、毛刷、钻孔工具、洗水笔、喷枪等成型及施釉工具，如图 6-14～图 6-16 所示。

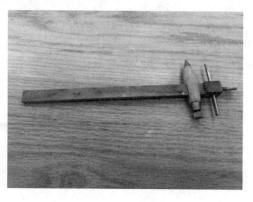

图 6-14　木圆规

图 6-15　毛笔

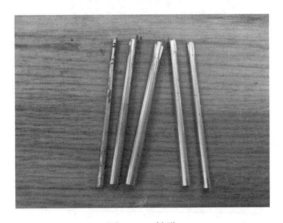

图 6-16　钻孔

12）陶艺拉坯机：一般同心圆的器皿型采用拉坯成型，如图 6-17 所示。

图 6-17　拉坯机

■ 6.1.2　实习任务与要求

1）熟悉陶艺制作的基本工艺流程。

2）掌握拉坯、泥条盘筑、泥板拼接、泥塑等几种基本陶艺成型方法，并用这几种成型方法各完成一件作品。

①泥条盘筑成型法。取一块适量的泥料，用双手自然捏紧，揉动，使其成圆棒状，将圆泥棒横放在陶艺桌上，用手指均匀地搓动，边滚边搓，左右手指走动，从粗到细，自然、平缓地搓泥条，按作品需求搓成粗细一致、大小均匀的泥条，将泥片放在转盘上做一底部，然后将泥条边转边接边压紧，边转动转盘，逐渐加高，最终做成本人需要的造型，每添加了泥条之间

泥条盘筑

可用泥浆衔接，用泥拍、手拍和手拉转动调整造型，可用保存泥条盘筑的原始手迹效果。亦可不留泥条纹路，压平、压密、压匀泥条以免干燥时开裂。

②捏塑（雕塑）成型法。捏塑、雕塑成型法是制作陶艺最原始、最根本、最简略的方法之一，也是初学陶艺者体验泥性的软硬、厚薄、干湿水平最根本的演习，可以不用泥条泥片光

捏塑成型

用手捏，有较大的自由度，只需要用手把泥团捏成自己想要造型的即可，这也是最古老的制陶办法之一。还可用雕塑刀等东西做成雕像，在泥半干时将雕像挖空。

③泥板成型法。是将泥块经过人工或压泥机滚压成泥板，然后用这些泥板来进行塑造。滚泥板时，应把泥块放在两块布中心进行，从泥块的中间向周围滚（转动布块），注意泥的厚度，要契合所做陶艺作品的需求。制作时要应用泥的柔韧性，

泥板拼接成型

可以像用布一样成型，泥板成型使用很广，从平面到立体，都可以进行造型变化，在泥板湿软时可进行弯曲、卷合，制作成流线美的造型，也可利用泥板半干时制作挺直的器物。

④拉坯成型法。拉坯是在应用拉坯机的扭转力上体现双手协同的能力，当拉坯机转到时，双手捧泥，使泥块在同心圆上转动，在泥柱中心用双手拉出器皿造型的成型办法。这也是陶瓷制作中常见的传统成型方法，但技术性要求很高，

拉坯成型

需要花很多年的练习才能熟练掌握，有些师傅花了一辈子从事拉坯，学生可以先从简单的碗、杯、盘开始练，纯熟后再拉瓶、罐等复杂的造型。

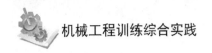
6.2　陶艺实训拓展训练

■6.2.1　任务与要求

1. 通过训练认识形的变化

老子说："埏埴以为器，当其无，有器之用。"陶容器是以空为用，以形为体的。埏埴又叫抟埴，就是把陶土团成器形，所以圆形是陶器的基本形，认识形从圆开始。一个简洁的没有多余附加形的圆陶的美是必须要领悟的。在圆形上增加各种附件，形成变化。

2. 通过训练把握陶艺造型基础

器形的凸凹产生阴阳和虚实变化，不管是陶瓷雕塑还是器皿，形的抽象把握是陶艺造型的基础。

3. 成型装饰

对成型作品进行装饰，烧成，展示，并对陶瓷作品进行形式美的分析，以把握它的审美特点。

■6.2.2　陶艺设计

1）构想：画小构图、小草图，确定主题。

2）出纸本彩色效果图。

3）用硫酸纸画 1：1 大小原图，标明尺寸，注意收缩率。

■6.2.3　选择适合设计的制作技法

1. 适合泥条盘筑成型法的器型

泥条盘筑法是纯手工成型的一种工艺，体现的是自然泥性、指纹、机理，是抽象的，而非规矩、理性的。因此合适异型、抽象型的（见图6-18）。

2. 适合捏塑（雕塑）成型法的器型

捏塑、雕塑成型法是制作陶艺最原始、最根本的办法之一，适合人物、动物雕像及现代造型，在泥塑半干时将雕像挖空（见图 6-19）。

3. 适合泥板成型法的器型

泥板成型是将泥块经过人工或压泥机滚压成泥板，然后用这些泥板进行塑造。适合抽象的、隐喻的、概括的、简约的作品，体现作者对泥性的熟练掌握（见图 6-20）。

图 6-18　泥条盘筑成型（釉下五彩装饰《高山流云》）

图 6-19　捏塑成型法《魑魅魍魉》（作者 朱可名）

图 6-20　泥板成型法（作者 赵坤）

4. 适合拉坯成型的器型

适合同心圆的规矩的造型（见图6-21）。

图 6-21　拉坯成型

5. 模具成型

是应用石膏模具来进行成型的一种办法。自古以来。此法就普遍地运用在陶瓷大生产中，普遍我们运用的是石膏模具，母模可以用石膏或陶泥制作成型，然后依据造型翻成若干块外模，待外模干燥后，即可制作坯体。

（1）印坯成型

印模时要用力平均，压紧，才能把造型完好的印制出来，对造型复杂的作品，要分模印制，然后再组成，在接口处用泥浆粘接好，坯体脱模后有残损的要修补，多余的要刮落。这种办法可以大量地复制产物，在陶瓷大生产中带来很多便利，根据需求可在模具上制作出不同的肌理和其他装饰结果（见图6-22）。

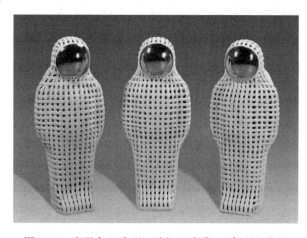

图 6-22　磨具印坯成型，编织（当代：《象形人物》）

（2）压坯成型

压坯成型也是大生产中采用的一种成型工艺，适合日用瓷大批量生产，如图 6-23 所示。

图 6-23　压坯成型法

（3）注浆成型法

在日用陶瓷大批量生产中使用普遍，也是陶艺成型的技法之一。先用泥或石膏做母模翻成石膏模（分块），石膏模留有注浆口，模具干燥后，把配制好的泥浆注入石膏模内，根据石膏模的吸水速度，适时注满泥浆，当石膏模吸浆达到所需厚度时，

注浆成型

将模内多余的泥浆倒出，控干待泥坯离开模壁后，再从石膏模内掏出坯体即可，有的还要把握必然的干湿度，以便进行下一步修坯、粘接、装饰等。

6. 综合成型法

综合以上几种方法，灵活运用即可，如图 6-24 所示。

图 6-24　综合成型法《青蛙吊水系列》作者 张若曦

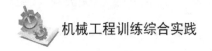

6.2.4 陶艺作品装饰

陶艺装饰是陶艺的基本表现语言，让学生掌握最基本的装饰方法，启发他们触类旁通，生发出个性的装饰手法。

1. 陶艺材质肌理

肌理效果是陶瓷艺术表现的重要组成部分，如图 6-25 所示。他的创作空间是无限广阔的，对于学生体验式的制作来说，首先了解它的基本方法。

1）绞胎肌理。

2）印压肌理。

3）贴花。

4）雕刻装饰（使用雕刻刀）如图 6-26 所示。

图 6-25　器皿型，
干湿拉裂纹样

图 6-26　雕刻装饰

5）镂空雕装饰（见图 6-27）。

2. 色釉装饰

高温时，一种熔融液态无机氧化物，覆盖在坯体的表面，冷却时形成一种光亮的玻璃质称为釉。在釉里加入有色金属氧化物得到色釉。颜色釉料的组成由基础釉，色基。基础釉主要有矿物化合物组成，因成分的配方不同烧结温度也不相同。基础釉的种类很多，一般分为透明釉和乳浊釉两种。色基主要由金属氧化物加工而成。金属氧化物由于烧制气氛、金属离子结构和光源的不同，混合后出现不同的颜色。浸釉如图 6-28 所示。色釉装饰作品如图 6-29 所示。

一般陶艺的釉料烧成温度可分为：低温釉：1000 ℃以下，中温釉：1000～1260 ℃，高温釉：1260 ℃以上。烧成火焰可分为：还原烧：烧成时"缺氧"烧成。氧化烧：烧成时"多氧"烧成。

图 6-27　镂空装饰《白瓷二重透刻
韩文纹壶》（作者 全成根 韩国）

图 6-28　浸釉

3. 彩绘

1）釉下彩装饰：是在未烧坯体或低温素烧坯体上进行彩绘，然后施一层透明釉，经高温烧制而成，因颜料在釉的下面故称为釉下彩。釉下彩通常有：青花主要是以氧化钴做呈色剂，用茶叶水调配，经高温烧制呈现蓝色。釉里红以氧化铜做呈色剂，用桃胶水或清水调配，经高温烧制呈现红色。铁锈花以含氧化铁的斑化石做呈色剂，用茶叶水调配，经高温烧制呈现铁锈色。釉下五彩：以钴、铜、铁、钒、等氧化物做呈色剂，用桃胶水或清水调配，经高温烧制、呈现蓝、红、黑、黄、绿等色。分水工艺如图 6-30 所示。

图 6-29　色釉装饰《北极光》
　　（作者 刘峰雄）

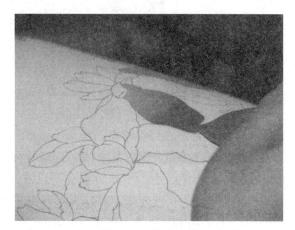

图 6-30　分水工艺

2）釉上彩绘装饰：是指将彩料施于釉面，经适当的热处理（如烤花）使彩料熔融并附着在釉面上。如釉上彩常见的新彩和粉彩。新彩料：是低温釉上画料，是各种发色氧化物和乳香油调配而成的，烧造前就能分辨色相和颜色深浅，烧烤后无多大变化，采用氧化气氛烧成。

粉彩料：也是釉上低温画料，是各种发色氧化物和桃胶水或乳香油调配而成的，烧造前基本能分辨色相和颜色深浅，采用氧化气氛烧成。图 6-31～图 6-33 所示为下彩绘、釉下彩绘和釉上彩装饰作品。

图 6-31　下彩绘《清平乐》（作者 张小兰）　　图 6-32　釉下彩绘（《图案人物》）（作者 徐建章）　　图 6-33　釉上彩装饰（作者 宁钢）

彩绘—工笔翎毛　　　　　彩绘—勾线分水法

6.2.5　烧成

素烧和釉烧：素烧是在以干燥的陶艺坯体表面不上釉的情况下直接烧成，成为素烧。它的目的是保留陶艺作品上的手工痕迹，体现材质的本质，肌理和自然之感。陶的素烧温度为 700～900 ℃，瓷的素烧温度为 1100～1350 ℃。泥坯在干燥后仍然会有少量水分存在，开始烧制时窑门留有缝隙，使坯体水分慢慢蒸发，需要小火控温，坯体炸裂多数发在 300 ℃ 左右这个阶段。300～900 ℃ 的主要变化时黏土中的水分、碳素、有机物、硫化物和杂质的分解和排除。素烧在冷却时，不可降温过快，否则坯体会发生裂缝，待窑温降到 80 ℃以下时再取出窑内作品。未素烧坯体或素烧后上釉，再入窑烧制的过程叫做釉烧。要根据泥土和釉料的特性和种类而定最后的烧成温度，一般陶器温度在 1200～1280 ℃，而瓷器的温度在 1300～1 350 ℃。泥土在高温的作用下，变得坚硬、质地缜密、吸水率低，这种变化成为瓷化。一次烧成的釉烧开始阶段和素烧的方法一样，等到 900 ℃后才能加快，二次烧成可以稍快一点。在烧制过程中运用技巧和经验达到预想的效果。在釉烧完成后，如果冷却太快，会使坯体产生裂缝或是裂釉现象，要待窑温降到80 ℃以下时取出窑内作品。因不同温度的烧成，造就出作品不同的色泽和质感，窑变的装饰变化有时也是让人感到十分惊异。体现在任何一个釉色在经过上千度的"洗礼"之后变化都不会完全相同，这就是陶艺的魅力之处和神奇所在。

　　在陶艺制作上，"烧窑"是关键，最重要的操作就是烧窑。因为陶瓷的制作，从选择原料到制作成品的工序繁多，古人说："过手七十二，方克成器。"现在大概也有几十道工序，各道工序有各自的重要性，尤其是最后的烧窑操作非常重要，稍不注意就会前功尽弃，既浪费了原料和燃料，又浪费了大量的人力。在陶艺工艺方面，就其重要性来说，可以分为"一烧、二土、三制作"，烧窑显得何等的重要，也是关键之关键。特别是颜色釉的烧成，更要强调"烧窑"，颜色釉的烧成火焰、性质、温度、烧成时间及燃料种类对颜色呈色变化有十分重要的影响，颜色釉的烧成是一门"火的艺术"，如"窑变"就是在烧成过程中自然产生的釉色变化，不是人可预测和控制的，有些非常难得的窑变，颜色釉，百窑难得一见、罕见的精品，名贵且价值不菲。烧成是一门很深的学问，不是一下子能掌握的。烧窑有烧成曲线。陶瓷半成品入窑时一定要干透，否则容易烧炸。装窑时陶瓷半成品所放的窑位也很重要。开始烧时，升温一定要慢，前 400 ℃要慢烧，最好一小时记录一次烧成温度。电窑烧成操作如图 6-34 所示。

出窑

图 6-34　电窑烧成

参 考 文 献

[1] 张世平. 金属加工与实训 [M]. 北京：电子工业出版社，2010.

[2] 胡建德. 机械工程训练 [M]. 杭州：浙江大学出版社，2010.

[3] 冀秀焕. 金工实习教程 [M]. 北京：机械工业出版社，2009.

[4] 宋昭祥. 现代制造工程技术实践 [M]. 北京：机械工业出版社，2004.

[5] 曲卫涛. 铸造工艺学 [M]. 陕西：西北工业大学出版社，1994.

[6] 赵越超，马壮. 机械制造实习教程 [M]. 辽宁：东北大学出版社，2000.

[7] 张世平. 金属加工与实训：铣工实训 [M]. 北京：电子工业出版社，2010.

[8] 吴海华. 工程实践（非机械类）[M]. 武汉：华中科技大学出版社，2004.

[9] 许云飞. FANUC 系统数控铣床/加工中心编程与操作 [M]. 北京：电子工业出版社，2010.

[10] 陈刚，刘新灵. 钳工基础 [M]. 北京：化学工业出版社，2014.

[11] 娄海滨，郑海波. 数控车削编程与操作 [M]. 杭州：浙江大学出版社，2009.

[12] 董丽华. 金工实习实训教程 [M]. 北京：电子工业出版社，2006.

[13] 康力，张琳琳. 金工实训 [M]. 上海：同济大学出版社，2009.

[14] 萧泽新. 金工实习教材 [M]. 广东：华南理工大学出版社，2009.

[15] 张世平. 金属加工与实训：铣工实训 [M]. 北京：电子工业出版社，2010.

[16] 邓斌. 金工实训教程 [M]. 重庆：重庆大学出版社，2014.

[17] 刘建成，甘勇，孔庆华. 金工实习 [M]. 上海：同济大学出版社，2009.

[18] 张红兵. 焊工技能实训 [M]. 北京：电子工业出版社，2008.

[19] 李承远. 逆向工程核心原理 [M]. 北京：人民邮电出版社，2014.

[20] 陈雪芳. 逆向工程与快速成型技术应用 [M]. 北京：机械工业出版社，2015.

[21] 李敏. 精密测量与逆向工程 [M]. 北京：电子工业出版社，2015.

[22] 成思源. 逆向工程技术综合实践 [M]. 北京：电子工业出版，2010.

[23] 王永信，邱志惠. 逆向工程及检测技术与应用 [M]. 西安：西安交通大学出版社，2014.